複葉の種類

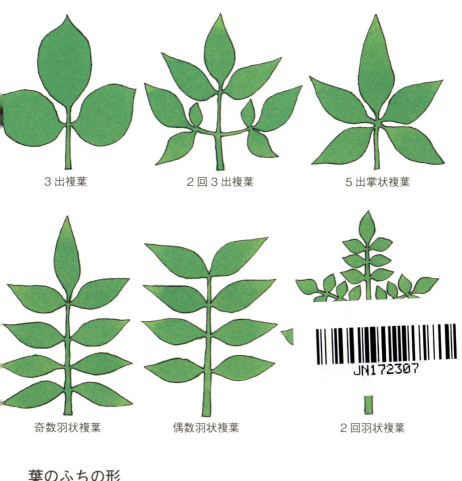

葉のふちの形

増補新装版
北海道 樹木図鑑
Trees & Shrubs of Hokkaido

佐藤 孝夫 [著]

CONTENTS

この本を使う前に —— 2
特集「チシマザクラの世界」—— 3

葉の形 —— 19
冬芽 —— 60
タネ —— 77
解説編 —— 93
コニファーの園芸品種 —— 322
バラ科植物の園芸品種 —— 329
国内外の導入樹種12種 —— 332
主な類似種の見分け方 —— 336
和名索引 —— 339
学名索引 —— 345
参考文献 —— 350
あとがき —— 351

この本を使う前に

1　この本は，北海道内で見られる樹木それぞれの，葉，冬芽，花，果実，樹形，樹皮などを写真で紹介した本です。本書では増補編を含め，北海道に自生する樹種と，庭や公園などに植えられている導入樹種を合わせて **507 種類**（変種，品種，雑種を含む）について解説したほか，関連する変種や品種，園芸品種，雑種など **72 種類**の写真を掲載しました。さらに，2 雑種，15 変種・品種を解説の中で紹介しています。

2　科名，和名，学名は主に大井次三郎著・北川政夫改訂『新日本植物誌』によりましたが，一部北村四郎・村田源著『原色日本植物図鑑』大本編 I・II，佐竹義輔ほか編『日本の野生植物』大本 I・II，上原敬二著『樹木大図説』I〜III，その他も参考にしました。なお，誌面構成の都合上アオイ科よりもマタタビ科を先に掲載しました。

3　葉や冬芽，タネの写真は，比較しやすいようにまとめて掲載しました。葉は **430 種類**，冬芽は互生（らせん生も含む）と対生に分けた **331 種類**，タネは針葉樹と広葉樹に分けた **318 種類**を載せました。また，**葉のスケールは一目盛り 1 cm，全体で 2 cm。タネのスケールは一目盛り 1 mm** です。なお，和名のあとのページ数は解説編を示します。

4　解説編では和名，別名，科名，学名，生育地や樹高，葉，花，冬芽，分布，主な用途のほか，漢字名や英名も一部載せました。解説は前述の文献を参考にしましたが，冬芽については四手井綱英・斎藤新一郎著『落葉広葉樹図譜冬の樹木学』，亀山章・馬場多久男著『冬芽でわかる落葉樹』を参考にしました。しかし字数に限りがありますので，詳しい説明は省略しました。

5　学名または科名のあとに，葉の形，冬芽，タネの順にそれぞれの写真のページ数を示しました。

6　別名は，北海道で用いられているものを中心に，主なものを載せました。

7　生育地は，道内での自生地を示し，導入樹種では原産地の自生環境を省略しました。また，樹高は道内でのおおよその高さを示しました。

8　葉，冬芽の大きさは，道内でのおおよその大きさを示しましたが，樹齢や生育環境，ついている位置などによっても異なります。なお，葉の長さは葉身だけで，葉柄の長さは含んでいません。

9　花期や果期は，主に札幌周辺または自生地での時期を示しましたが，道内は広いため，地域，標高などの生育環境によって異なるほか，その年の気候によっても若干異なります。

10　分布では，北海道，本州，四国，九州のすべてに自生するものは「日本」としました。また，分布が広いものは一部を省略し，「など」としました。

11　用途は，主なものだけを掲載しました。

12　㊰は漢字名，㋰は英名を示します。漢字名は当て字も含め，一応妥当と思われるものを掲載しました。

13　主な類似種の見分け方では，本書で解説した樹種のうち，とくにわかりづらいものや主要な樹種の区別点を載せました。

14　和名索引には別名も含めて，解説文中に出てくる樹種すべてを載せました。また，葉の形態，冬芽のページも載せました。

15　学名索引は，解説した樹種は載せましたが，文中で説明した変種や品種は省略しました。

16　葉や花序，冬芽の解説では字数の関係上，一部専門的な用語を使いましたが，それらの用語の説明を，表見返しと裏見返しに図示しました。

特集
「チシマザクラの世界」

個性豊かなチシマザクラ

　チシマザクラは分類上、ミネザクラ（別名タカネザクラ、p 196 参照）の変種にあたります。その名の通り千島列島に由来する種で、国後島や択捉島で多く見られることから、植物学者の宮部金吾博士（1860-1951、北海道帝国大学名誉教授）が名づけました。

　分類上は、葉柄や花柄などに毛のないものをミネザクラ、毛のあるものをチシマザクラに分けています。しかし、毛の多い個体から毛のない個体まで連続的に見られること、また毛のある個体から採種したタネを育てた苗木にも、無毛のものから多毛のものまでが見られることなどから、その区別点は明確になっていません。

　そこでこの特集では、分類上の母種ミネザクラと変種チシマザクラとの区別点を承知した上で、すべてを「チシマザクラ」として扱い、掲載しています。花の色や樹形に個体変異の多いチシマザクラは、きわめて個性豊かなサクラなのです。

各地で見られるチシマザクラの由来

　現在、道内各地に植えられているチシマザクラには、2つのルーツがあると考えられます。ひとつは、国後島や択捉島などから持ち帰られた木、およびそれらから増やされた木。もうひとつは、道内の山地などに自生していた木、およびそれらから増やされた木です。

　有名な根室市清隆寺のチシマザクラは、1869年（明治2）に大工の田中又七氏が国後島より持ち帰ったもので、のちに清隆寺に奉納されました。また、桜前線の終着点として知られる日本最東端の市・根室市では、全国で唯一、チシマザクラを開花の標本木にしています。

　自生木としては、利尻島の標高700～800m付近に自生する群落が北海道の天然記念物に指定されているほか、蛇紋岩地帯や北海道の多くの山地でも自生木が見られます。また、幌加内町朱鞠内湖畔では周辺の山から移植した木が多数植えられているほか、道央圏では北海道庁旧本庁舎前庭や小樽市手宮公園でも、移植されたチシマザクラを見ることができます。

チシマザクラの名木たち

清隆寺桜(根室市・清隆寺)

旧和田小学校(根室市)

野付の千島桜（別海町尾岱沼・野付小学校）……北海道最大のチシマザクラ

裁判所の千島桜（根室市・釧路地方裁判所根室支部）

旧根室測候所の千島桜・標本木（根室市・根室市合同庁舎）
……現在は根室市と根室市観光協会が標本木とし，開花日を調査・発表している

S氏宅（別海町）

標津・記念木
(標津町・標津町役場)

根室市役所(根室市)

K氏宅(根室市)

千島桜植栽地(根室市)

金刀比羅神社（根室市）

耕雲寺（根室市）

K氏宅（標津町）

M氏宅（根室市）

I氏宅(根室市)

K氏宅(根室市)

N氏私設公園
(根室市歯舞)

北海道看護協会会館庭園（札幌市白石区）
……写真は旧札幌文化交流館〈旧白石邸〉前にあった頃に撮影したもので，のちに現在地へ移植された

寒地土木研究所（札幌市豊平区）……構内を流れる精進川沿いに約200本のチシマザクラが植樹され，例年5月初旬の開花時期に一般公開されている

朱鞠内湖畔
（幌加内町）

北邦野草園
（鷹栖町・嵐山公園）

旧風連小学校
（名寄市）

ピンネシリ温泉（中頓別町）

中頓別簡易裁判所（中頓別町）

寿公園（中頓別町）
……中頓別町はチシマザクラを町の花に制定している

専念寺（中頓別町）

三笠山自然公園
(和寒町)

狩勝峠3合目
(新得町)

翁森林公園(上富良野町・十勝岳温泉)

音威子府八幡神社(音威子府村)

自生地のチシマザクラ

利尻岳（利尻町）

黒岳5合目（上川町）

旭岳温泉（東川町）
……天然木と植栽木が混在している

鷹泊(深川市)　　　　　　　　　政和(幌加内町)

ほろかない湖(幌加内町)　　　　問寒別(幌延町)

富良野西岳(富良野市)

浦臼山(浦臼町)

芦別岳(富良野市)

オダッシュ山(新得町)

オロフレ峠(登別市・壮瞥町)

ニセコ山系(倶知安町・蘭越町)

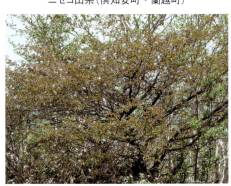
アポイ岳(様似町)

知床峠(斜里町・羅臼町)

チシマザクラの名花たち
チシマザクラのいろいろな花色

紅色1（国後陽紅）

紅色2

紅色3

紅色4

淡紅色1

淡紅色2

花弁先端紅色

グラデーション（八重咲きタイプ）

チシマザクラのいろいろな花の形

八重咲きタイプ1

八重咲きタイプ2

ブラシ状タイプ

手鞠状タイプ

紅い筋入りタイプ

花弁円く紅い筋入りタイプ

白色花弁細いタイプ

淡紅色花弁細いタイプ

白色タイプ

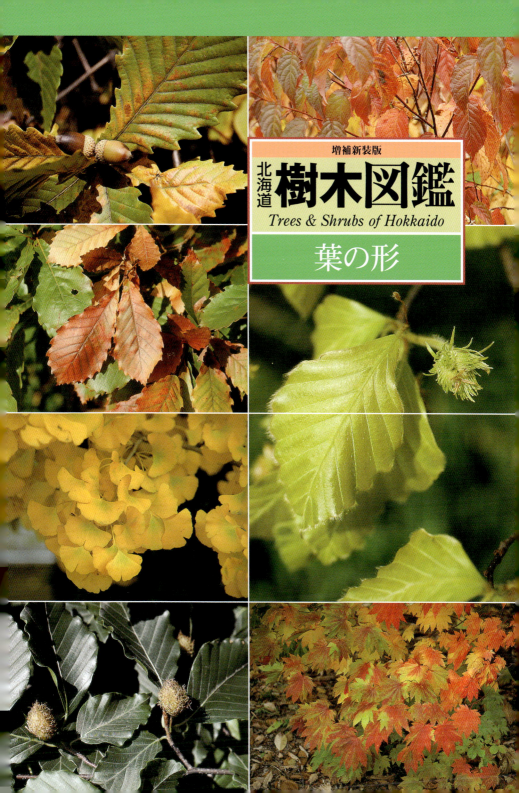

21

キタゴヨウ　P.103　　ゴヨウマツ　P.104　　ストローブマツ　P.104

ハイマツ　P.102　　チョウセンゴヨウ　P.105　　アカマツ　P.106

ヨーロッパクロマツ　P.107　　クロマツ　P.106　　ヨーロッパアカマツ　P.107

41

| ウラシマツツジ P.289 | エゾツツジ P.275 | キンロバイ P.190 | シラタマノキ P.29 |

ヒメシャクナゲ P.287 | ツルコケモモ(左) ヒメツルコケモモ(右) P.296 | キバナシャクナゲ P.276 | アカモノ P.290

イソツツジ P.275 | フッキソウ P.225 | サカイツツジ P.277 | エニシダ P.215

ベニシタン P.213 | クサツゲ(左) チョウセンヒメツゲ(右) P.226 | メギ(上) P.158 ムラサキメギ(下) P.159 | チングルマ(上) チョウノスケソウ(下) P.

カンボク　*P.311*

テマリカンボク　*P.311*

ズミ　*P.206*

オヒョウ　*P.152*

クロミサンザシ　*P.202*

ヤマグワ　*P.154*

エゾサンザシ　*P.203*

オオデマリ　*P.312*

ベニバナイチゴ　P.185　　クロイチゴ　P.184　　エゾイチゴ　P.184

クロミキイチゴ　P.186　　ナワシロイチゴ　P.183　　エビガライチゴ　P.183

モミジイチゴ　P.185　　クマイチゴ　P.182　　ヒメゴヨウイチゴ　P.182

ツタウルシ　P.228　　ミツバウツギ　P.239　　ミツデカエデ　P.239

キングサリ　P.219　　タカノツメ　P.267　　ミツバアケビ　P.157

ミヤギノハギ　P.217　　エゾヤマハギ　P.217　　クレマチス　P.156

増補新装版
北海道 樹木図鑑
Trees & Shrubs of Hokkaido
冬芽

互生

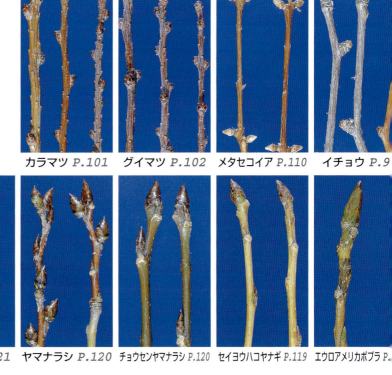

カラマツ P.101　グイマツ P.102　メタセコイア P.110　イチョウ P.9

ドロノキ P.121　ヤマナラシ P.120　チョウセンヤマナラシ P.120　セイヨウハコヤナギ P.119　エウロアメリカポプラ P.

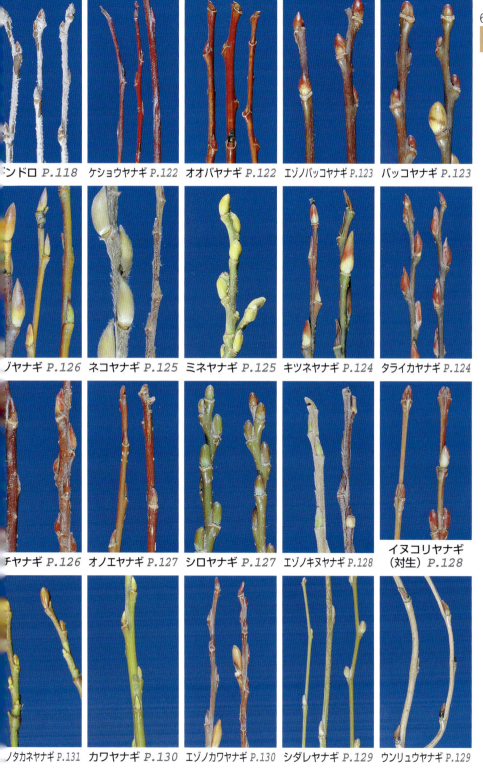

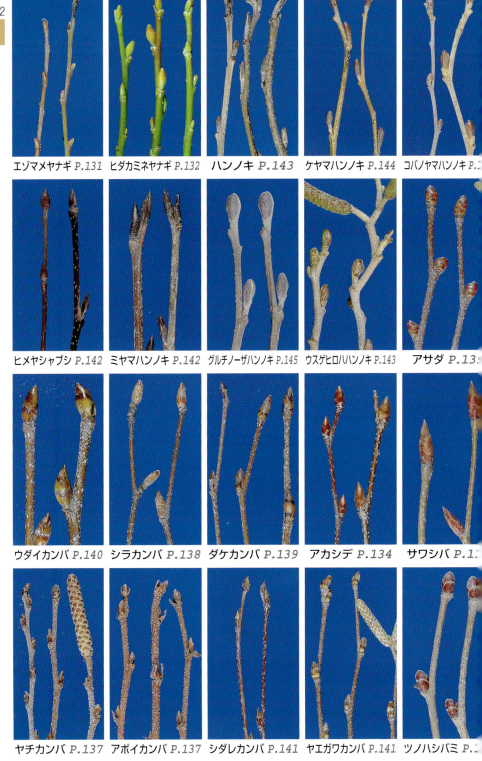

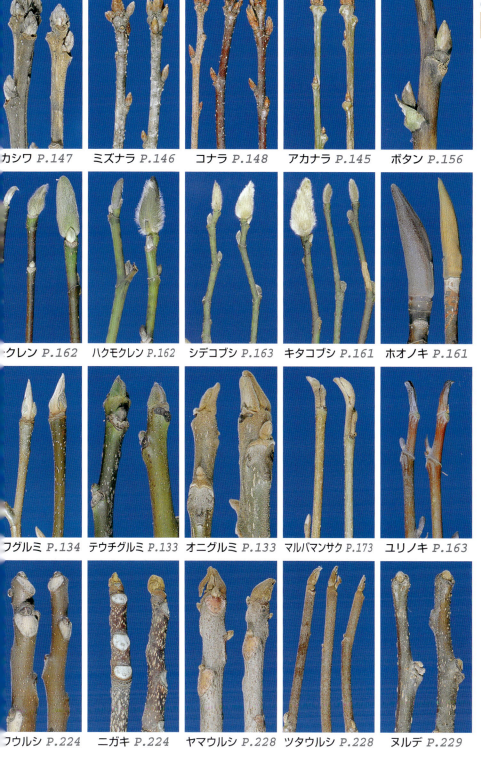

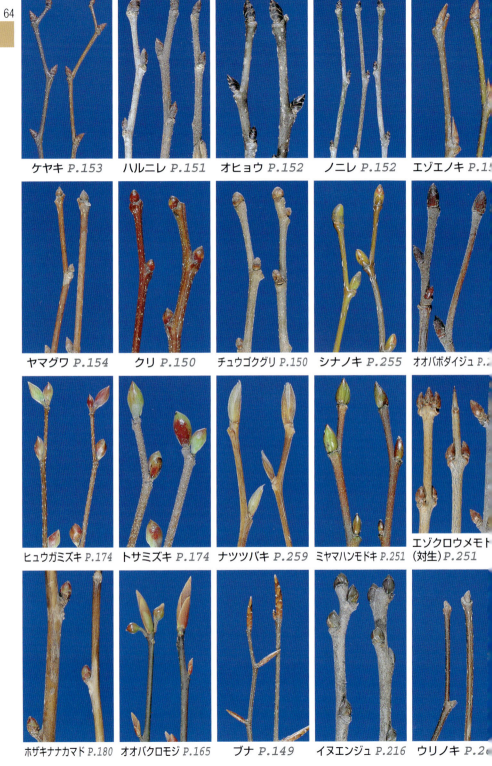

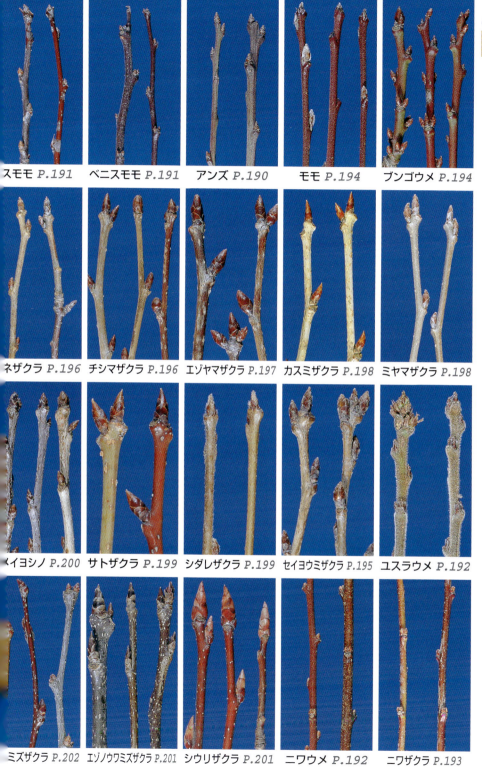

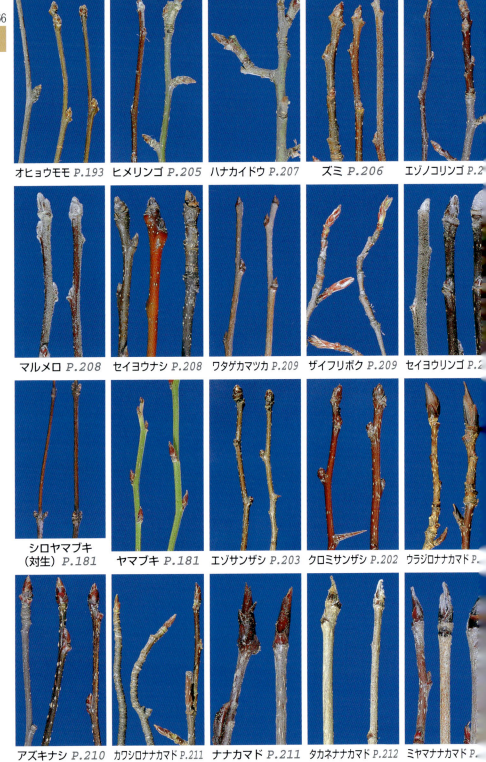

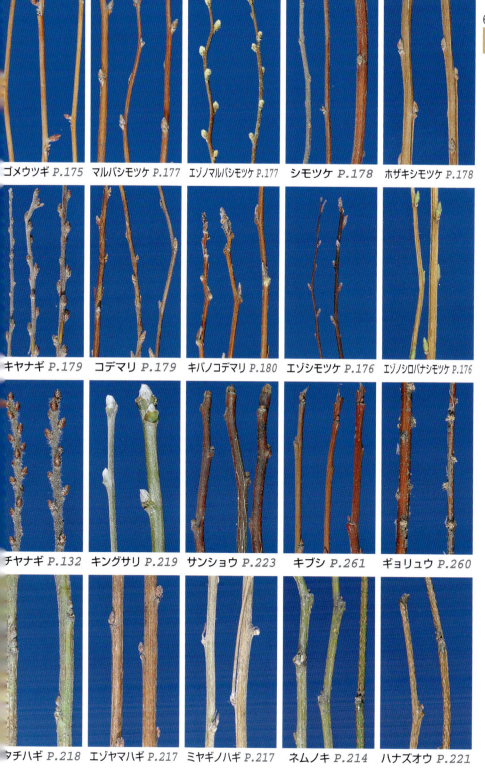

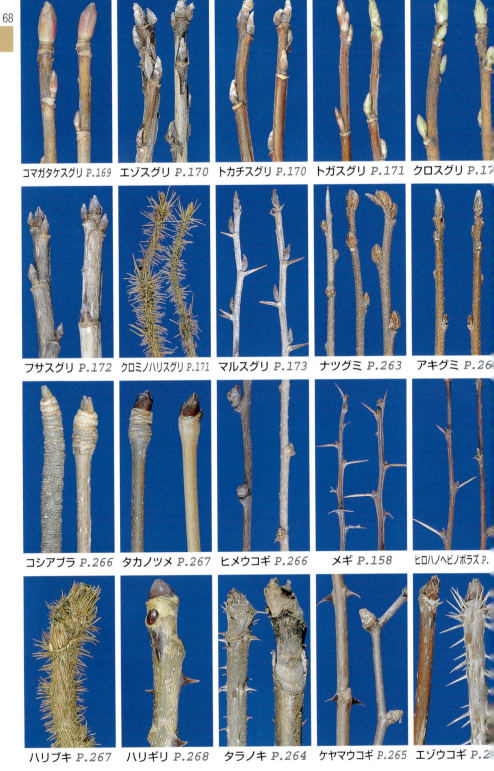

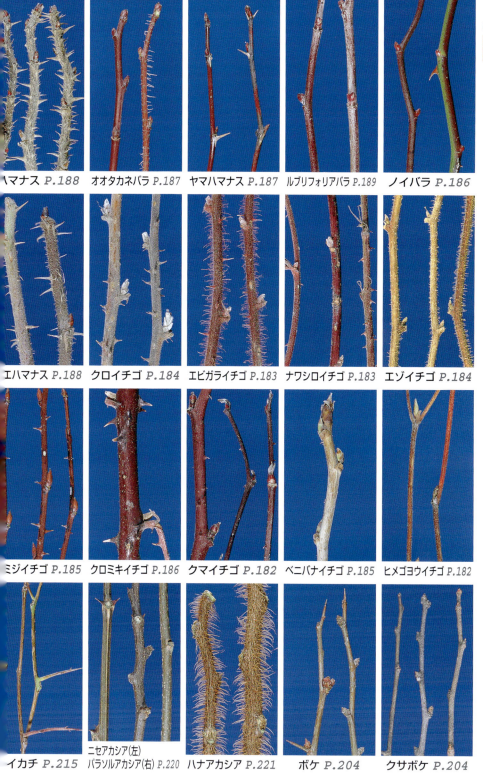

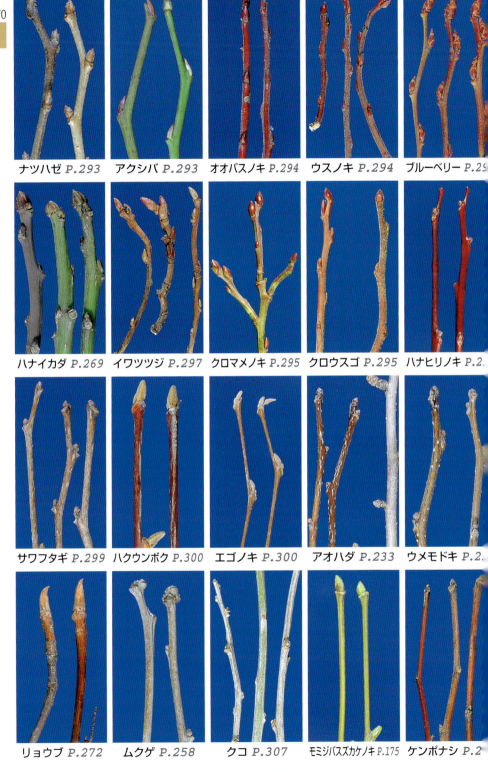

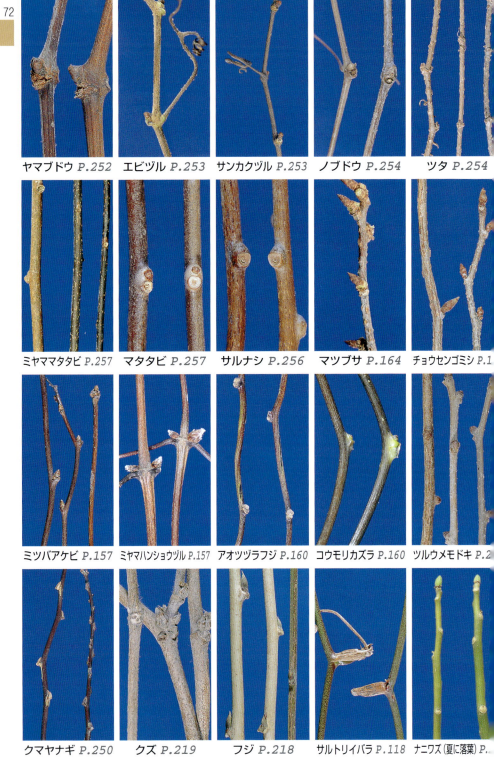

73

対生

トチノキ P.249　セイヨウトチノキ P.248　ベニバナトチノキ P.250　マルバアオダモ P.302

キリ P.308　キササゲ P.308　アメリカキササゲ P.309　ヤチダモ P.303　アオダモ P.304

ニワトコ P.315　クサギ P.306　ツリバナ P.237　ニシキギ(左) コマユミ(右) P.236　マユミ P.235

サキシキブ P.306　オオカメノキ P.309　オオツリバナ P.238　ヒロハツリバナ P.237　クロツリバナ P.238

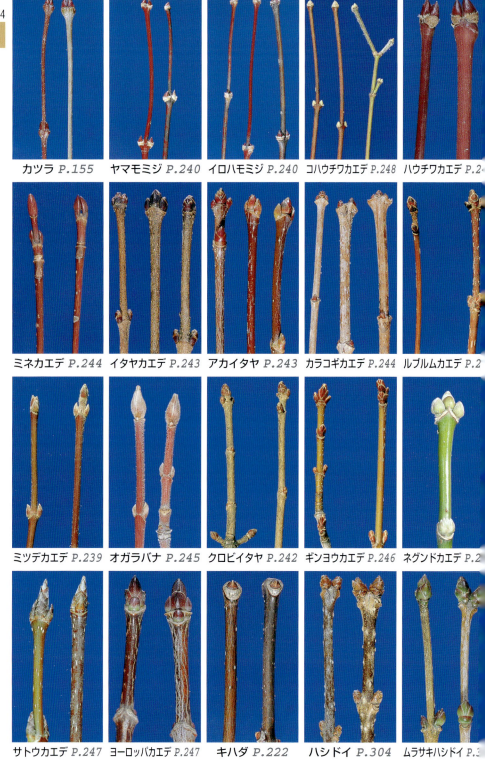

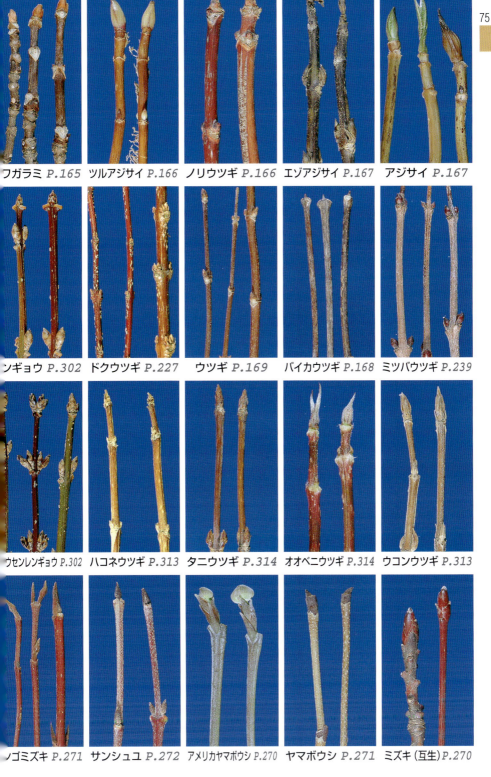

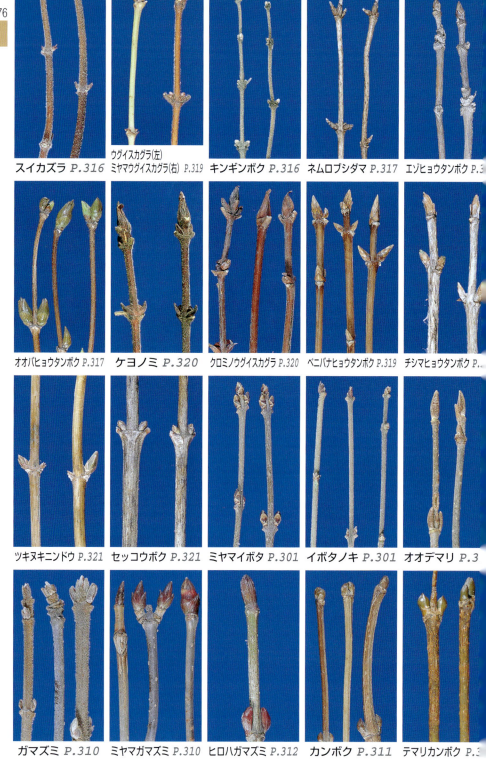

増補新装版
北海道 樹木図鑑
Trees & Shrubs of Hokkaido
タネ

針葉樹

イチョウ P.94

イチイ P.95

ハイイヌガヤ P.96

トドマツ P.97

クエゾマツ P.99

エゾマツ P.98

ヨーロッパトウヒ P.100

プンゲンストウヒ P.100

カラマツ P.101

イマツ P.102

アカマツ P.106

クロマツ P.106

ヨーロッパアカマツ P.107

ヨーロッパクロマツ P.107

79

広葉樹

オニグルミ P.133　テウチグルミ P.133　サワグルミ P.134　ツノハシバミ P.136

ズナラ P.146　カシワ P.147　コナラ P.148　アカナラ P.145　ブナ P.149

クリ P.150　チュウゴクグリ P.150　トチノキ P.249　セイヨウトチノキ P.248　ホオノキ P.161

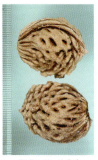

タゴブシ P.161　ハクモクレン P.162　シデコブシ P.163　ブンゴウメ P.194　モモ P.194

87

89

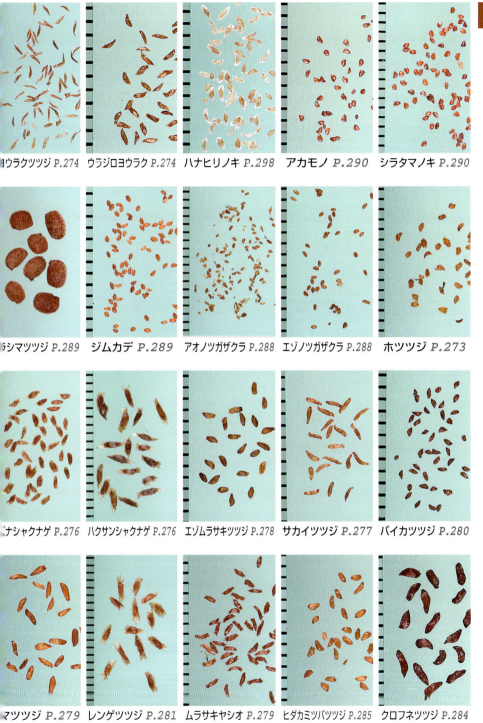

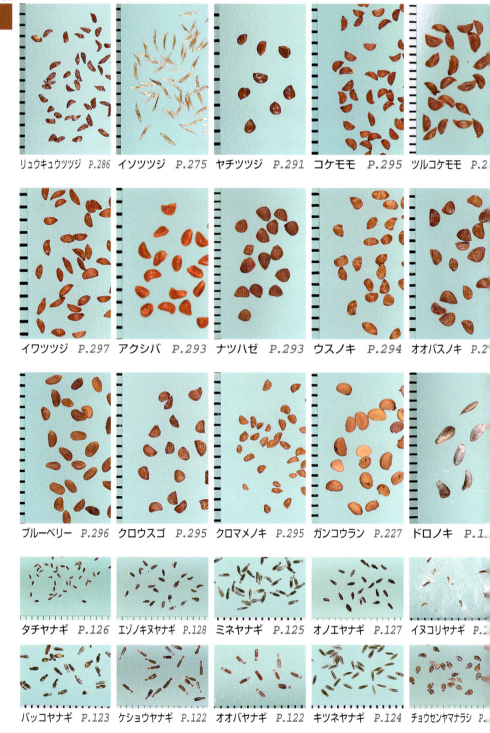

増補新装版
北海道 樹木図鑑
Trees & Shrubs of Hokkaido
解説編

イチョウ ●イチョウ科
Ginkgo Biloba Linn. P.23 P.60 P.77

中国原産の落葉樹で、高さ15〜30m、太いものは1.5m以上になる。大木では気根が乳のように垂れ下がることがある。寺社の境内や街路・公園などに植えられる。生きた化石といわれる

葉：扇形で幅5〜7cm、浅く2裂するが、切れ込みの変化が多い。葉柄は3〜6cm、互生

花：雌雄異株、雄花は淡黄色で尾状に下垂し長さ約2cm、雌花は緑色で長さ2〜3cmの柄の先に通常2個の胚珠をつける。5月に開花

果実：径約2.5cmの球形、10月頃黄熟する。外種皮には悪臭があり、かぶれることもある

冬芽：円錐形〜三角状卵形で長さ2〜3mm、多数の褐色鱗片につつまれる

樹皮：淡灰褐色で縦に裂ける

用途：街路・公園樹、材は基盤・将棋盤・そろばん珠など、種子（ギンナン）は食用

㊎ 銀杏、公孫樹

㊆ Ginkgo tree, Maidenhair tree

雌 花

雄 花

イチイ　オンコ　アララギ　●イチイ科
Taxus Cuspidata Sieb. Et Zucc.　**P.20　P.77**

　常緑樹で高さ 10 ～ 15 m, 太さ 50 ～ 100 cm, しばしば低木状にもなる, やや暗い林の中に多くみられ, 純林もつくる, 道内の代表的な緑化樹, イチイの名は昔この木で高官の持つ笏を作ったことによる

葉：線形で長さ 1.5 ～ 3 cm, 幅 2 ～ 4 mm, らせん状につくが, 側枝では左右に 2 列に並ぶ

花：雌雄異株, 雄花は淡褐黄色で径約 3 mm の球形, 雌花は淡緑色～淡緑褐色で長さ 2.5 mm の広卵形, 4 ～ 5 月に開花する

果実：広卵形で径約 8 mm, 9 ～ 10 月に仮種皮は赤熟する, 黄色く熟す品種があり, キミノオンコ (f. luteobaccata) という

樹皮：赤褐色で浅く縦に裂ける, 材は緻密で堅く, 光沢があって美しい

分布：日本, 千島, サハリン, 朝鮮など

用途：公園・庭園・街路樹, 生垣, 材は床柱・彫刻・家具など, 果実は甘く食べられる

㊀一位, 水松　㊁Japanese yew

雄花

雌花

キミノオンコ

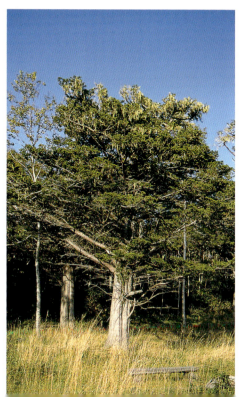

キャラボク ●イチイ科
Taxus cuspidata var. nana Rehd. P.20

常緑樹，高さ1～2m，幹は下から分岐する
葉：線形で，枝にやや輪生状に不規則につくのが特徴，母種イチイではやや水平につく
花：雌雄異株，4～5月開花，花はイチイ参照
果実：広卵形で径約8mm，9～10月に赤熟
分布：本州の日本海側，朝鮮
用途：公園・庭園樹
㊥ 伽羅木　㊤ Dwarf Japanese yew

コンコロールモミ　コロラドモミ ●マツ科
Abies concolor Lindl.et Gord.

北アメリカ中部原産の常緑針葉樹，原産地は高さ50mにもなるが，道内では10～20mまれに公園などに植えられる
葉：細長い線形，長さ4～8cm，上面は暗緑
花：雄花と雌花がある，5～6月開花
球果：長円筒形で直立する，長さ8～12cm
用途：公園・街路樹
㊤ Colorado Fir, White Fir

ハイイヌガヤ　エゾイヌガヤ ●イヌガヤ科
Cephalotaxus harringtonia var. nana Rehd. P.20 P.77

常緑樹で高さ1～2m，幹は斜上する，イヌガヤの変種で，多雪地帯の林床に生える
葉：線形で長さ2～4cm，枝の左右に2列に並ぶ
花：雌雄異株，雄花序は黄褐色で径約8mmの球形，雌花序は淡緑色で長さ約5mm，5月開花
果実：卵形～楕円形，長さ約2.5cm，翌年の10月頃に淡紅紫色～赤色に熟す
分布：北海道，本州の日本海側
用途：庭園樹，花材，果実は食用，果実酒
㊥ 這犬榧

雄花　　雌花

トドマツ アカトドマツ ●マツ科
Abies sachalinensis Masters　P.20　P.77

　常緑樹で高さ20〜30m，太さ60〜80cm．枝はほぼ水平に出るか，やや斜め上に出る．海岸近くにも生えるが山地に多く，広葉樹やエゾマツとの混交林または純林をつくる

葉：線形で長さ約2cm，幅2〜3mm，先は2裂し，軟らかい．裏に白い気孔線がある

花：雄花は卵形で長さ約1cm，紅色で黄色の花粉を出す．雌花は黄紅色または帯紫緑色で直立し長さ約3cm．5〜6月に開花する

球果：円筒形で上向きにつき，長さ5〜10cm，径2〜3cm．9月に成熟し黒褐色になる．苞鱗の長さに連続した変異があるが，苞鱗が長くつき出て反曲したものをアオトドマツ (var. mayriana)，露出しないものをエゾシラビソ (var. nemorensis) ということがある

樹皮：灰白色．平滑でなめらか

分布：北海道，南千島，サハリン

用途：建築・器具材，パルプ材，公園樹など

㊥椴松　㊥Todo fir, Sakhalin fir

雌花

雄花

雌花

エゾマツ　クロエゾマツ　●マツ科
Picea jezoensis Carr.　**P.20　P.77**

　常緑樹で高さ 30 〜 40 m，太さ 1.5 m くらいになる．山地の斜面や沢すじに多く生え，トドマツや広葉樹と混交する．アカエゾマツとともにエゾマツの総称で「北海道の木」に指定されている

葉：扁平な線形で長さ 1 〜 2 cm，先端はとがる．裏には気孔線があって白色を帯びる

花：雄花は楕円形で長さ 1.5 〜 2 cm，紅色で黄色の花粉を出す．雌花は小枝の先につき，紅紫色した円柱形で直立し長さ約 2 〜 2.5 cm，5 〜 6 月に開花する

球果：円柱形で長さ 4 〜 8 cm，下垂し，9 月に淡黄褐色になり熟す

樹皮：黒褐色で鱗片状に薄くはがれるが，灰白色でほとんど亀裂しないものをシロエゾマツ（f. takedai）という

分布：北海道，南千島，サハリン

用途：建築材，楽器材，器具材，パルプ材など

㊙蝦夷松　㊥Yezo-spruce

雄花と雌花

エゾマツ(左)アカエゾマツ

アカエゾマツ　ヤチシンコ　●マツ科
Picea glehnii Masters　P.20　P.77

　常緑樹で高さ30〜40m，太さ1〜1.5mになる．本道の東部や北部の山中に多く，蛇紋岩地帯や湿地，砂丘，火山灰地にも生える．トドマツやエゾマツと混生するが，ときに純林もつくる．エゾマツとアカエゾマツの雑種があることも報告されている

葉：線形で長さ0.5〜1.2cm，横断面は四角形
花：雄花は長さ1.5cm，帯紅色で黄色の花粉を出す．雌花は紫紅色で長さ3cm，5〜6月開花
球果：長さ5〜8cmの円柱形で下垂，9月に成熟し，暗紫色になるが，まれに緑色または黄緑色になるものがあり，アオミノアカエゾマツ（f. chlorocarpa）という
樹皮：黒赤褐色で不規則な鱗片状にはがれる
分布：北海道，本州（早池峰山），南千島，サハリン南部
用途：建築材，楽器材（特にピアノの響板），器具材，公園・庭園樹，盆栽，生垣など
㊥赤蝦夷松　㊥Sakhalin spruce

雄花

雌花

ヨーロッパトウヒ　ドイツトウヒ　●マツ科
Picea abies Karst.　P.20　P.77

　ヨーロッパ原産の常緑樹で高さ 20 〜 30 m，原産地では山の斜面に生えるが，道内では公園や鉄道防雪林に多く用いられる
葉：線形で先はとがり長さ約 1.5 cm，断面ひし形
花：雄花は淡紅色で長さ約 2 cm，雌花は直立し，紅紫色で長さ 3 〜 4 cm，5 〜 6 月に開花
球果：円柱形で長さ 15 〜 20 cm，下垂する，初め緑色，9 〜 10 月頃成熟すると鮮褐色
用途：公園・街路樹，防雪林，建築材など
㊇ Norway spruce

　　　　　　　　　　　　　　　　　雄　花　　　　雌　花

プンゲンストウヒ　コロラドトウヒ　●マツ科
Picea pungens Engelm.　P.20　P.77

　北アメリカ原産の常緑樹で高さ 15 〜 20 m，原産地ではときに 50 m，庭などに植えられる
葉：線形で扁平し，長さ 2 〜 3 cmで青緑色，青銀白色のものはギンヨウコロラドトウヒという
花：雄花は紅色で長さ約 1 〜 1.5 cm，雌花は長さ 2 〜 2.5 cmで通常紫紅色，5 〜 6 月に開花
球果：長さ 5 〜 10 cmで，初め黄緑色でのち鮮褐色になる，9 〜 10 月に成熟する
用途：庭園・公園樹，建築・楽器材など
㊇ Colorado spruce

　　　　　　　　　　　　　　　　　雄　花　　　　雌　花

カラマツ　ラクヨウ　ニホンカラマツ　●マツ科
Larix leptolepis Gordon (*L. kaempferi* Carr.)　P.22　P.60　P.77

　落葉樹で高さ30m，太さ1m，原産地では山地の斜面や高原に生える，道内では自生していないが，広く造林されている．秋に黄葉する．シダレカラマツ（f. pendula）は，枝が垂れる

葉：長さ2〜4cmの線形で，短枝では20〜40枚が束生し，長枝ではらせん状につく

花：雄花は黄色の卵形で短枝に下向きにつき，雌花は淡紅色または淡緑色で短枝に直立またはやや横向きにつく．4〜5月に開花

球果：長さ2〜3.5cmの広卵形で，初め帯白緑色でのち黄褐色．9〜10月に成熟する

樹皮：暗褐色で縦に裂け，鱗片状にはがれる

分布：本州（東北，関東，中部地方）

用途：建築・器具材，防風林，公園樹など

類似種：グイマツは葉が短く球果も小さく，当年枝が有毛（カラマツは無毛）で，種鱗は無毛，苞鱗はあまり外にそりかえらない．枝も水平かやや垂れ下がる

㊁唐松，落葉松　㊊ Japanese larch

雌花

雄花と雌花

シダレカラマツ　　シダレカラマツ

グイマツ　シコタンマツ　●マツ科
Larix gmelinii var. japonica Pilg.　P.22　P.60　P.77

落葉樹で高さ30m，原産地では海岸から山地まで生え，湿原にも育つ．道内では造林される

葉：長さ1.2〜2.5cm，幅約2mmの線形，短枝には多数束生し，長枝ではらせん状につく

花：雄花は黄色の卵形で下向きに，雌花は緑色または鮮紅色で上向きにつく．4〜5月開花

球果：広卵形で長さ約1.5cm，9月頃成熟，紫褐色または黄褐色になる

分布：千島，サハリン，シベリア
用途：建築・器具材など　英 Kurile larch

雄花と雌花

雄花と雌花

ハイマツ　●マツ科
Pinus pumila Regel　P.21　P.78

高山帯に生える常緑樹で，幹の根元はほふく，先はやや斜上し，高さ約2mになる

葉：長さ3〜10cmの針状で，5本一束でつく

花：雄花は密生し暗紫紅色，雌花は枝先につき卵状楕円形で淡紫紅色，6〜7月に開花

球果：卵形〜卵円形で長さ3〜5cm，翌年の8〜9月に成熟し，黒褐色となる

分布：北海道，本州中部以北，アジア東北部
用途：庭園・公園樹，盆栽など
漢 這松　英 Japanese stone pine

雄　花

雌花と球果

キタゴヨウ　ヒダカゴヨウ　●マツ科
Pinus parviflora var. pentaphylla Henry　P.21　P.78

　常緑樹で高さ20〜30mになり，山地の斜面や山陵などに生える，ゴヨウマツの北方変種

葉：針状で長さ3〜8cm，5本一束でつく

花：雄花は卵状楕円形で暗紫紅色，雌花は今年伸びた枝の先につき長楕円形，淡紫紅色または緑色，5〜6月に開花

球果：卵状楕円形で長さ5〜10cm，翌年の10月成熟し，初め淡緑色のち淡褐色になる

分布：北海道(十勝西部以西)，本州中部以北

用途：庭園・公園樹，盆栽，建築・器具材など
㊅北五葉松

類似種：ゴヨウマツでは種子より翼が短いが，キタゴヨウでは種子よりも翼が長く，葉もより長くてかたい

雑種：ハッコウダゴヨウ(P. × hakkodensis Makino)はハイマツとキタゴヨウの雑種で，道内ではアポイ岳にあり，幹は斜上し，山頂ではほふくする．種子は倒卵形でやや小さく，ごく短い翼があるか，まれになし

雄花　　　雌花

ハッコウダゴヨウ

ゴヨウマツ　ヒメコマツ　●マツ科
Pinus parviflora Sieb. et Zucc.　P.21

山地に生える常緑樹，高さ20m，道内では庭や公園に植えられる

葉：針状で長さ3〜5cm，5本一束でつく

花：雄花は卵状長楕円形で暗紫紅色，雌花は枝の先につき紫紅色か緑色，5〜6月に開花

球果：卵状楕円形で長さ6〜7.5cm，翌年の10月に成熟し，初め淡緑色のち淡褐色

分布：本州，四国，九州

用途：庭園・公園樹，盆栽，建築・楽器材など

㊋ 五葉松　㊀ Japanese white pine

雄花

雌花

ストローブマツ　●マツ科
Pinus strobus Linn.　P.21　P.78

北アメリカ原産の常緑樹，高さ20〜50m

葉：針状で長さ8〜14cm，細く軟らかく5本一束でつく，初め淡緑色のち青緑色

花：雄花は淡黄色，雌花は淡紅色で今年伸びた枝の先につく，5〜6月開花

球果：長さ10〜20cm，径3〜4cmと細長く，下垂し，わん曲する，翌年の10月頃成熟，初め淡緑色のち淡褐色

用途：公園・街路樹，建築・合板材，生垣など

㊀ Eastern white pine

雄花

雌花

チョウセンゴヨウ　チョウセンマツ　●マツ科
Pinus koraiensis Sieb. et Zucc.　P.21　P.78

　山地に生える常緑樹で，高さ 20 〜 25 m，道内では主に公園などに植えられる

葉：針状で長さ 6 〜 12 cm，5 本一束でつく

花：雄花は紅黄色，雌花は淡緑紅色で今年伸びた枝の先につく，5 〜 6 月に開花

球果：卵状円柱形で大きく，長さ 12 〜 16 cm，翌年の 10 月成熟，淡緑色から淡緑褐色になる

分布：本州(中部山岳地帯)，朝鮮，中国

用途：公園樹，建築・器具材など，種子は食用

㋐ 朝鮮五葉松　㋕ Korean nut pine

雄花

雌花

モンタナマツ　●マツ科
Pinus mugo Turra　P.22　P.78

　ヨーロッパの山地に多く生える常緑樹，幹は下から分岐し，高さ約 3 m，原産地では 25 m になることもある

葉：針状で長さ 3 〜 8 cm，2 本一束でつく

花：雄花は黄褐色，雌花は帯赤黄色で今年伸びた枝の先につく，6 月頃開花

球果：長さ 3 〜 7 cm の卵形で，初め緑褐色のち帯黄褐色で，3 年目に成熟する

用途：庭園・公園樹，街路の中央分離帯など

㋕ Mountain pine

雄花

雌花

アカマツ　メマツ　●マツ科
Pinus densiflora Sieb. et Zucc.　**P.21　P.77**

山地の峰に多く生える常緑樹，高さ20～30m，樹皮は赤褐色，冬芽は円筒形で赤褐色
葉：針状で長さ7～12cm，2本一束でつく
花：雄花は黄褐色，雌花は紅紫色で今年伸びた枝の先につく，5月に開花
球果：卵形，卵状円錐形で長さ3～5cm，初め緑色のち淡黄褐色，翌年の10月に成熟
分布：北海道南部？，本州，四国，九州，朝鮮
用途：庭園・公園・街路樹，建築・器具材など
㋩赤松　㋙Japanese red pine

雄　花　　　雌　花

クロマツ　オマツ　●マツ科
Pinus thunbergii Parlat.　**P.21　P.77**

海岸に多い常緑樹，高さ10m，樹皮は黒灰色，冬芽は円筒形で灰白色，道内では植栽される
葉：針状で長さ6～12cm，2本一束でつく
花：雄花は淡黄色，雌花は今年伸びた枝の先につき紅紫色，5～6月に開花
球果：卵形，円錐状卵形で長さ5～7cm，初め緑褐色のち淡褐色，翌年の10月に成熟
分布：本州，四国，九州
用途：海岸砂防，庭園・公園・街路樹など
㋩黒松　㋙Japanese black pine

雄　花　　　雌花と球果

ヨーロッパアカマツ　オウシュウアカマツ　●マツ科
Pinus sylvestris Linn.　P.21　P.77

　ヨーロッパ,シベリア原産の常緑樹,高さ20〜30m,冬芽は長卵形で先はとがる
葉：針状で長さ4〜7cm,2本一束でつく,アカマツよりも短くて裏の青白色の気孔線が明瞭
花：雄花は黄色,雌花は淡紅色の球形で今年伸びた枝の先につく,5〜6月に開花
球果：卵状円錐形で長さ3〜7cm,3〜5年目に成熟,灰褐色または赤褐色
用途：公園・街路樹,建築・器具材など
㊥ Scots pine, Scotch pine

雄花　　　　　雌花

ヨーロッパクロマツ　オウシュウクロマツ　●マツ科
Pinus nigra Arnold　P.21　P.77

　ヨーロッパ原産の常緑樹で高さ20m,原産地では山地や海岸に生え,道内では公園などに植えられる,樹皮は灰黒色,冬芽は円錐形で鮮灰色
葉：針状で長さ8〜15cm,2本一束につく
花：雄花は淡黄色,雌花は紅紫色で当年枝上につく,5〜6月に開花
球果：長卵形,卵状円錐形で長さ4〜8cm,2年目に成熟し,3年目に裂開,黄褐色になる
用途：公園・街路樹,建築・器具材など
㊥ Austrian pine

雄花　　　　　雌花

バンクスマツ　バンクシアナマツ　●マツ科
Pinus banksiana Lamb.　P.22　P.78

　北アメリカの痩せ地や乾燥地に生える常緑樹，高さ20m，道内では公園などに植えられる
葉：針状で長さ2〜4cm，2本一束でつき剛尖
花：雄花は黄色，雌花は暗紫色の球形で枝の先またはその近くにつく，5〜6月に開花
球果：斜卵状円錐形で上向きか側向きにつき，長さ2〜5cm，黄褐色で2年目に成熟するが，裂開せず永く枝上に残る
用途：公園・街路樹，防風・海岸林など
英 Jack pine

雄 花　　　　　雌 花

リギダマツ　●マツ科
Pinus rigida Mill.　P.22　P.78

　北アメリカ原産の常緑樹，高さ20m，原産地では湿地を好む，道内では公園などに植えられる
葉：針状で長さ7〜14cm，3本一束でつく，枝や幹から葉を叢生する
花：雄花は赤紫色，雌花は深紅色で球形，枝の先またはその近くにつく，5〜6月に開花
球果：卵状楕円形で長さ5〜8cm，淡褐色で翌年の10月に成熟，10〜12年間枝上に残る
用途：公園樹，建築・器具材，燃料など
英 Pitch pine

雄 花　　　　　雌 花

ヒマラヤスギ　ヒマラヤシーダー　●マツ科　*Cedrus deodara* Lond.　P.22　P.78

ヒマラヤやカシミール原産の常緑樹，高さ50m，原産地では山地に生え，やや乾燥した土地に群生，道内では高さ約10m，公園などに植えられる
葉：長さ約3cmの針状で緑白色
花：雄花は穂状，雌花は淡緑色の円錐形，10月頃開花，道内ではまれ
球果：卵形で長さ6〜13cm，翌年の10〜11月に成熟，初め青藍色でのち暗褐色になる
用途：公園樹，建築・器具材など
㊥ Himalayan cedar

雌花

コウヤマキ　●コウヤマキ科　*Sciadopitys verticillata* Sieb. et Zucc.　P.23　P.78

常緑樹で高さ30mになるが，道内では約10m，庭に植えられる
葉：長枝には鱗片葉がらせん状につく，短枝のは2個の葉が合着した線形で長さ6〜13cm
花：雄花は黄褐色の楕円形，長さ約7mm，多数集まる，雌花は楕円形で枝の先端に単生，5月に開花
球果：長さ8〜13cmの楕円状円柱形で，翌年の10月に成熟，緑褐色
分布：本州，四国，九州
用途：庭園・公園樹，建築材，碁盤，将棋盤など
㊍ 高野槙

雄花

メタセコイア　アケボノスギ　●スギ科
Metasequoia glyptostroboides Hu et Cheng　P.20　P.60　P.78

中国の四川・湖北省原産の落葉樹, 高さ20m, 公園などに植えられる, 生きた化石といわれる

- 葉：線形で長さ2〜3cm, 2列対生する, 表は青緑色で裏は淡緑色, 秋に橙黄色になる
- 花：雄花序は黄褐色で, 長く垂れ下がり, 雌花は緑色で5月に開花するが, 道内ではまれ
- 球果：卵状球形で長さ1.2〜2cm, 10月に成熟し, 初め緑色でのち褐色になる
- 冬芽：径2〜3mmの卵球形で鱗片がある
- 用途：公園・街路樹　㊈ Dawn redwood

スギ　●スギ科
Cryptomeria japonica D. Don　P.22　P.78

高さ40m以上になる常緑樹, 湿気のある谷間に生育, 道内では南部に多く植えられる

- 葉：小形の鎌状針形でらせん状につく
- 花：雄花は楕円形で淡黄褐色, 長さ約5mm, 雌花は緑色で球状, 径約4mm, 4〜5月開花
- 球果：長さ2〜3cmの卵状球形で, 10月成熟, 初め緑色のち褐色になる
- 分布：本州, 四国, 九州, 屋久島
- 用途：建築・器具材, 公園, 社寺林など
- ㊈ 杉　㊈ Japanese red cedar

雄花　　　雌花

ヒノキアスナロ　ヒバ　●ヒノキ科
Thujopsis dolabrata var. hondai Makino　P.23　P.78

アスナロの変種で，山中に生える常緑樹，高さ20～30m，道内では南部に自生する

葉：鱗片状で十字形に対生，裏に白い気孔線

花：雄花は紫褐色で楕円形，長さ約5mm，雌花は黄緑色の球状，径約6mm，5月上旬頃開花

球果：球形で1.5～2cm，種鱗片はわずかに突起する，9～10月に褐色になり成熟する

分布：北海道（南部），本州（北部）

用途：建築・器具材，庭園・公園樹など，材の精油は薬用

雄花と雌花

ヒノキ　●ヒノキ科
Chamaecyparis obtusa Sieb. et Zucc.　P.23　P.78

高さ30mになる常緑樹，チャボヒバやオオゴンクジャクヒバなど多くの園芸品種がある

葉：鱗片状で交互に対生，先は鋭い，裏面に白い気孔線がありY字に見える

花：雄花は3mmの広楕円形で紫褐色，雌花は3～5mmの球形で緑色，5月に開花

球果：球形で径10mm，10月に赤褐色に熟す

分布：本州，九州

用途：建築・家具材，社寺林，公園樹など

漢 檜　英 Hinoki cypress

チャボヒバ

オオゴンクジャクヒバ

サワラ ●ヒノキ科
Chamaecyparis pisifera Sieb. et Zucc. **P.23**

高さ30mになる常緑樹, 園芸品種が多い
葉：鱗片状で先はとがる, 裏面には白い気孔線があり, X字形になるものがある
花：雄花は楕円形で長さ約3mm, 紫褐色, 雌花は球形で径約3mm, 淡褐色, 5月に開花
球果：球形で径6～7mm, 初め緑色のち黄褐色, 10月成熟し, 表面はでこぼこしている
分布：本州, 九州
用途：庭園・公園樹, 盆栽, 建築・器具材など
㊥椹　㊋Sawara cypress

雄花と雌花

オオゴンシノブヒバ　ニッコウヒバ　●ヒノキ科
Chamaecyparis pisifera var. pulmosa f. aurea K. Omura **P.23 P.78**

サワラの園芸品種, 高さ10～15mになる常緑樹, 庭や公園に植えられる
葉：サワラより薄くて細長く, 先は鋭くとがってそりかえる, 新芽は黄金色だが, 早く緑色になるものと永く保存されるものとがある, 新芽が緑色のものはシノブヒバという
花：雄花は紫褐色, 雌花は淡褐色, 5月に開花
球果：球形で径6mm, 10月に黄褐色に成熟, 表面はでこぼこしている
用途：庭園・公園樹, 生垣

雄花と雌花

ヒヨクヒバ　イトヒバ　●ヒノキ科
Chamaecyparis pisifera var. filifera Beiss. et Hochst.　P.23

　サワラの園芸品種．高さ4～15mになる常緑樹．庭などに植えられる

葉：糸状で細く，垂れ下がる．葉が黄金色のものをオオゴンヒヨクヒバ(f. aurea)という
花：雄花は紫褐色．雌花は淡褐色．5月に開花
球果：球形で径6mm．10月に黄褐色に成熟．表面はでこぼこしている
用途：庭園・公園樹　英 Japanese cypress
類似種：本来のイトヒバはコノテガシワから出た園芸品種．球果で区別できる

オオゴンヒヨクヒバ

オオゴンヒヨクヒバ

ヒムロ　●ヒノキ科　*Chamaecyparis pisifera var. squarrosa Beiss. et Hochst.*　P.23

　サワラの園芸品種で，高さ5mになる常緑樹．樹冠は広球形～狭円錐形．庭によく植えられている．全体に青白色に見える
葉：細い針状で，まれに鱗片葉になる．上面は灰緑色～浅緑色．下面は銀緑色で白色の気孔線がある
花：雄花と雌花があり，5～6月に開花するが，きわめてまれ
球果：きわめてまれに結実．球形で表面はでこぼこしている．サワラよりもやや小形
用途：庭園樹，生垣
英 Moss cypress

コノテガシワ ●ヒノキ科
Biota orientalis Endl. (Thuja orientalis L.)　*P.23*　*P.78*

　中国原産の常緑樹で高さ5〜10m, 園芸品種が多く, センジュ(var. compacta)は幹が叢生して樹冠が広円錐形. その葉が黄金色のものはオオゴンコノテガシワ(f. aurea)という
葉：鱗片状, 卵形で先はとがる
花：雄花は黄褐色, 雌花は淡紫緑色, 5月開花
球果：卵球形か長楕円形, 長さ1〜2.5cm, 10〜11月に成熟. 種鱗の先は角状でそりかえる
用途：庭園・公園樹, 建築・器具材など
㊊児手柏, 側柏　㊥Chinese arborvitae

オオゴンコノテガシワ

雌花

ニオイヒバ ●ヒノキ科
Thuja occidentalis Linn.　*P.23*　*P.78*

　北アメリカ中北部原産の常緑樹で, 高さ20m. 樹冠は狭円錐形, 葉に芳しい香りがある
葉：鱗片状, 卵形で先はとがっている
花：雄花は紫褐色, 雌花は淡褐色でともに長さ約2mm, 枝先につく. 5月に開花
球果：長楕円形で長さ0.8〜1cm, 10月に成熟し褐色になる
用途：庭園・公園樹, 生垣, 建築・器具材など, 葉から精油をとり薬用にする
㊥Northern white cedar

雄花と雌花

リシリビャクシン ●ヒノキ科　P.22 P.78
Juniperus communis var. montana Ait. (var. saxatilis)

　北地の草原や岩上, 蛇紋岩地帯に生える常緑樹, 幹は横にはって斜上し, 高さ 0.5 ～ 1.5 m
葉：長さ 7 ～ 9 mm の針状で上面に弓状に曲がり, 表面はやや深くくぼみ, 密に三輪生
花：雌雄異株, 雄花は 3 mm の楕円形で黄褐色, 雌花は 3 mm の卵形で淡緑色, 5 ～ 6 月開花
球果：径 7 ～ 9 mm の球形, 碧黒色で白粉がかかり, 翌年の 9 ～ 10 月に成熟
分布：北海道, 千島, サハリン, 朝鮮など
㊥ 利尻柏槇　㊤ Mountain juniper

雄花

雌花

ヤマネズ ●ヒノキ科
Juniperus communis var. nipponica Wils.

高山に生える常緑樹, 幹は横にはい, 高さ 0.5 m
葉：針状でわずかに弓状に曲がり, 表面は深くくぼみ, 白色の気孔線は細い
花：雌雄異株, 雄花は 4 mm の楕円形で黄褐色, 雌花は 4 mm の卵形で淡緑色, 5 ～ 6 月に開花する
果：球形, 碧黒色で白粉あり, 翌年 10 月成熟
布：北海道（アポイ岳）, 本州北部

セイヨウビャクシン　トショウ ●ヒノキ科
Juniperus communis Linn. P.78

　ヨーロッパ～東アジア, 北アメリカに分布する常緑樹, 低木まれに 10 m, 多くの変種がある, 道内でもまれに植えられる
葉：針状, まっすぐで曲がらない, 三輪生
花：雄花は黄褐色, 雌花は緑色, 5 ～ 6 月開花
球果：径 7 mm の球形, 紫黒色で白粉がかかる
用途：庭園・公園樹, 球果は酒のジンの香料
㊤ Common juniper

ハイネズ ●ヒノキ科
Juniperus conferta Parlat. **P.22 P.78**

海岸の砂地に生える常緑樹，幹は地面をはう
葉：長さ1〜2cmの針状で先はとがる，硬くて
　　触れると痛い，上面に深い気孔溝がある
花：雌雄異株，雄花は約4mmの楕円形で黄褐
　　色，雌花は約4mmの卵形で緑色，5月開花
球果：径8〜10mmの球形で，初め緑色のち黒
　　紫色で白粉がかかる，翌年9〜10月に成熟
分布：日本，サハリン
用途：公園樹，グラウンドカバー，砂防用
㊅這杜松　㊇Shore juniper

雄花　　雌花

ミヤマビャクシン　シンパク ●ヒノキ科
Juniperus chinensis var. sargentii Henry **P.23 P.78**

高山や海岸の岩場に生える常緑樹，高さ1.5m，
幹はややほふく性で，全体に白っぽく見える
葉：鱗片葉で十字対生，まれに針状葉で三輪生
花：雌雄異株で，雄花は黄褐色，雌花は紫緑色，
　　ともに枝先につき3〜4mm，5〜6月開花
球果：6〜8mmの球形で，紫黒色で白粉がかか
　　る，翌年の9〜10月に成熟する
分布：日本，千島，サハリン，朝鮮
用途：庭園・公園樹，盆栽
㊅深山柏槇　㊇Sargent juniper

雄花　　雌花

カイヅカイブキ　●ヒノキ科　*Juniperus chinensis var. kaizuka Hort.*　P.23

イブキの変種で，樹高6〜15m，樹形は狭円錐形で，生長するにつれて側枝がらせん状にねじれて，主幹に巻きつくようになる
葉：ほとんど鱗片葉で十字対生する
花：雌雄異株まれに同株，雄花は黄褐色，雌花は淡白緑色，ともに枝先につき長さ約4mm，5月に開花
球果：やや球形で6〜9mm，紫黒色で白粉がかかる，翌年10月成熟
用途：庭園・公園樹，生垣
漢　貝塚伊吹

マイブキ　タマビャクシン　●ヒノキ科
Juniperus chinensis var. globosa Hornib.　P.23

イブキの変種で，高さ0.5〜1m，樹冠は球状になる，葉は鮮緑色で鱗片葉からなる
花：雌雄異株まれに同株，5月に開花
果：やや球形で6〜9mm，紫黒色で白粉がかかる，翌年10月に成熟
用途：庭園・公園樹
漢　玉伊吹
Globe chinese juniper

ハイビャクシン　ソナレ　●ヒノキ科
Juniperus chinensis var. procumbens Endl.　P.23

イブキの変種で，壱岐や対馬などの海岸に生える常緑樹，ほふく性で幹は地面をはう
葉：針状で長さ6〜8mm，普通三輪生，老木ではまれに鱗片葉になる
花：雌雄異株まれに同株，5月に開花
球果：8mmの扁球形，黒紫色で翌年の10月成熟
用途：庭園・公園樹
漢　這柏槇

サルトリイバラ ●ユリ科
Smilax china Linn. P.35 P.72

山野に生える落葉するつる性木本で，茎はかたく節ごとに屈曲し，まばらに刺がある
葉：円形〜楕円形で長さ3〜12cm，全縁，基部は円形，厚くて光沢があり，葉柄は短い
花：雌雄異株，黄緑色で径約6mm，花弁は6枚，6月に開花する
果実：径7〜9mmの球形で，10〜11月に紅熟
冬芽：長三角形で先はとがる，長さ4mm，互生
分布：日本，朝鮮，中国など，北海道では南部
用途：花材，根茎は薬用

雄花

ギンドロ　ウラジロハコヤナギ ●ヤナギ科
Populus alba Linn. P.53 P.61

中央アジア，ヨーロッパ原産の落葉樹，高さ20m，道内各地に植えられる
葉：卵形〜広卵形で長さ4〜10cm，掌状に3〜5に浅く裂け，裏は銀白色で綿毛密生，互生
花：雌雄異株，雄花穂は暗赤色で長さ4〜10cm，雌花穂は黄緑色でやや短い，4〜5月開花
果実：6月に成熟し黄緑色，果序は長さ約10cm
冬芽：頂芽は広卵形，長さ5〜8mm，軟毛あり
用途：公園樹，マッチの軸，パルプ材など
㊥ White poplar, Silverleaf poplar

雌花

セイヨウハコヤナギ　イタリアポプラ ポプラ　●ヤナギ科
Populus nigra var. italica Muenchh.　P.26　P.60

　ヨーロッパ，西アジア原産の落葉樹で，高さ20～30mになり，樹冠はほうき状になる
葉：広三角形～ひし状広三角形，長さ4～12cm，細かい鈍鋸歯あり，葉柄2～5cm，互生
花：雌雄異株，尾状花序で長さ4～10cm，雄花は暗赤色，雌花は黄緑色，4～5月に開花
果実：果序は約10cm，5～6月に成熟，黄緑色
冬芽：頂芽は卵形で長さ5～10mm，5稜がある
用途：並木，公園樹，器具・パルプ材・防風林
英 Lombardy poplar

雄花

エウロアメリカポプラ　改良ポプラ　●ヤナギ科
Populus × euroamericana Rehd.　P.26　P.60

　ヨーロッパクロポプラとアメリカクロポプラの雑種の総称で多くの系統がある，高さ20～30mの落葉樹，道内各地に植えられる
葉：広三角形長さ6～13cm，先はとがる，互生
花：雌雄異株，尾状花序で長さ7～12cm，雄花は赤紫色，雌花は黄白～黄緑色，4～5月開花
果実：果序は約10cm，5～6月に成熟，黄緑色
冬芽：頂芽は長三角形で長さ6～10mm
用途：並木，公園樹，パルプ材，防風林
英 Hybrid black poplar

雄花

雌花

ヤマナラシ　ハコヤナギ　●ヤナギ科
Populus sieboldii Miquel　P.26　P.60

山中の日当りのよい荒地に生える落葉樹，高さ 20 m，樹皮は灰青～灰緑色，若枝に毛がある
葉：成葉は広卵形か扁円形，長さ 5～10 cm，鋸歯縁，基部に蜜腺のあるものが多い，互生
花：雌雄異株で，雄花序は 5～13 cm で紅紫色，雌花序は 6～10 cm で黄緑色，4～5月開花
果実：6～7月成熟，黄緑色，果序は長さ 15 cm
冬芽：頂芽は長卵形，長さ 8～12 mm，毛あり
分布：日本
用途：マッチの軸，パルプ材など

 雄花　 雌花

チョウセンヤマナラシ　エゾヤマナラシ　●ヤナギ科
Populus tremula var. davidiana Schneid. (*P. jesoensis Nakai*)　P.26　P.60　P.92

山中の日当りのよい荒地に生える落葉樹，高さ 20 m，樹皮は灰青色
葉：成葉は広卵形で長さ 3～8 cm，やや粗大な波状鋸歯縁，基部に蜜腺があるものは少ない
花：雌雄異株，雄花序は紅紫色，雌花序は淡緑色，長さ 4～8 cm，4～5月開花
果実：6～7月成熟，黄緑色，果序は長さ 15 cm
冬芽：頂芽は長卵形，長さ 3～8 mm，互生
分布：北海道，南千島，サハリン，朝鮮など
用途：マッチの軸，パルプ材など

 雄花　 雌花

ドロノキ　ドロヤナギ　●ヤナギ科
Populus maximowiczii Henry　P.26　P.60　P.92

　日当りのよいやや湿った場所や河岸に生える落葉樹，高さ30m，太さは1m以上になる
葉：広楕円形で長さ6〜12cm，基部はやや心形，浅い鋸歯縁，やや革質，互生
花：雌雄異株，雄花序は下垂し6〜9cm，暗赤色，雌花序は7〜9cm，黄緑色，4〜5月開花
果実：果序は長さ約14cm，6月頃成熟，黄緑色
冬芽：頂芽は卵状円錐形で，長さ15〜20mm
樹皮：若木の樹皮はなめらかで帯緑青白色，老樹では灰褐色で縦に深く裂ける
分布：北海道，本州中部以北，サハリン，朝鮮，中国，シベリアなど
用途：公園樹，器具材，パルプ材など
㊈ 泥の木　㊇ Japanese poplar
類似種：チリメンドロ（ニオイドロ，P. koreana Rehd.）はまれに生える落葉樹で，芽や若葉には香気があり著しく粘る，葉は長楕円形，脈の上面は凹入，著しいしわがある，北海道，本州の一部，朝鮮南部に分布するとされる

雄花　　雌花

チリメンドロ

ケショウヤナギ ●ヤナギ科
Salix. (Chosenia) arbutifolia A. Skvortz. P.24 P.61 P.92

河岸に生える落葉樹，高さ20m，若枝は冬
～春には紅色で白粉がついている
葉：やや厚く倒披針形，長さ4～7cm，裏粉白色
花：雌雄異株，雄花序は淡橙黄色，雌花序は淡
　　緑色で長さ2～5cm，下垂し，5月上旬開花
果実：果序は斜上し長さ約5cm，6月に成熟
冬芽：紡錘形で扁平し，長さ2～7mm，互生
分布：北海道，本州（長野県），朝鮮など，道内
　　では札内川，渚滑川などに生える
用途：器具材，下駄材など　㊊化粧柳

雄　花　　　　　雌　花

オオバヤナギ ●ヤナギ科
Toisusu urbaniana Kimura P.25 P.61 P.92

河岸に生える落葉樹，高さ20m以上になる
葉：長楕円形，長さ10～20cm，先はとがる，
　　細鋸歯縁，裏面粉白色で無毛，葉柄1.5～2cm
花：雌雄異株，雄花序は淡黄色，雌花序は淡緑
　　色，下垂し長さ5～10cm，5～6月に開花
果実：果序は下垂し，長さ10～14cm，7～8
　　月に成熟し，緑黄色から褐色になる
冬芽：長楕円状円錐形，長さ5～8mm，互生
分布：北海道，本州中部以北，南千島など
用途：器具材，下駄材など　㊊大葉柳

雄　花

雌　花

バッコヤナギ ヤマネコヤナギ ●ヤナギ科
Salix bakko Kimura P.25 P.61 P.92

　日当りのよいやや乾いた所に生える落葉樹,
高さ5～15mになり,裸材に隆起線がある
葉：長楕円形,長さ8～13cm,微細鋸歯縁ま
　　たは全縁,裏面粉白色で白い縮毛を密生,互生
花：雌雄異株,雄花序の葯は黄色,雌花序は緑白
　　色,長さ2～5cm,4～5月に葉より先に開花
果実：果序は長さ約9cm,斜上,5～6月に成熟
冬芽：卵形で長さ6～10mm,花芽は8～13mm
分布：北海道(南西部),本州,四国
用途：花材,まな板,護岸用　㈰山猫柳

雄花

雌花

エゾノバッコヤナギ エゾノヤマネコヤナギ ●ヤナギ科
Salix hultenii var. angustifolia Kimura P.25 P.61

　山地や平地に生える落葉樹,高さ15m,裸
材には隆起線はほとんどない
葉：楕円形～長楕円形,長さ8～15cm,鈍鋸
　　歯縁か全縁,裏面には毛を密生,互生する
花：雌雄異株,雄花序の葯は黄色,雌花序は緑
　　白色,長さ2～4cm,4～5月葉より先に開花
果実：果序は長さ約7cm,5～6月に成熟
冬芽：卵形で先はとがり,長さ5～8mm
分布：北海道,南千島,アジア東部など
用途：花材,まな板,護岸用　㈰蝦夷の山猫柳
＊上欄バッコヤナギと同一種とする見解がある

雄花

雌花

キツネヤナギ ●ヤナギ科
Salix vulpina Anders.　P.25　P.61　P.92

　日当りのよい丘陵から山地に生える落葉樹,
高さ2m, 裸材にはいちじるしい隆起線がある
葉：若葉は鉄さび色, 成葉は倒卵形〜長楕円形,
　　長さ5〜12cm, 低鋸歯縁, 両面無毛, 互生
花：雌雄異株, 雄花序の葯は黄色, 雌花序は淡
　　緑色, 長さ3〜5cm, 4〜5月葉より先に開花
果実：果序は長さ6〜10cm, 6月に成熟
冬芽：卵形で長さ3〜4mm, 花芽は長さ6〜8mm
分布：北海道, 本州(東北, 関東)
㊊ 狐柳

雄花　　　雌花

タライカヤナギ ●ヤナギ科
Salix taraikensis Kimura　P.25　P.61

　道東の湿原の周辺や山地の, 日当りのよい所
に生える落葉樹, 幹は叢生し, 高さ5m
葉：長楕円形〜楕円形, 長さ6〜10cm, 波状
　　鈍鋸歯縁か全縁, 裏面粉白色か淡緑色で無毛
花：雌雄異株, 雄花序の葯は黄色, 雌花序は緑
　　白色, ともに長さは2〜3cm, 5〜6月に葉
　　より先に開花
果実：果序は長さ4.5〜6.5cm, 6〜7月成熟
冬芽：長楕円形でやや扁平, 円頭, 互生する
分布：北海道(東部), サハリン

雄花　　　雌花

ミネヤナギ　ミヤマヤナギ　●ヤナギ科
Salix reinii Franch. et Savat.　**P.25　P.61　P.92**

　　高山や亜高山に生える落葉樹，高さ1〜3m
葉：楕円形または倒卵形，長さ3.5〜9cm，内曲する波状鋸歯縁，裏面は粉白色
花：雌雄異株，雄花序の葯は黄色でやや紅を帯びる．雌花序は緑色，長さ2〜4cm，5〜7月に葉と同時に開花
果実：果序は長さ3〜4cm，6〜8月に成熟
冬芽：卵形で長さ約3mm，互生する
分布：北海道，本州(中部以北)，南千島
㊥嶺柳，深山柳

雄花　　雌花

ネコヤナギ　●ヤナギ科
Salix gracilistyla Miq.　**P.25　P.61**

　　山野の水辺近くに多い落葉樹，高さ約3m
葉：長楕円形で長さ7〜13cm，裏面に灰白色の絹毛，若葉は表面にも灰白色の軟毛がある
花：雌雄異株，雄花序の葯は紅色，雌花序は淡黄色，長さ3〜5cm，4〜5月葉より先に開花
果実：果序は約9cm，一方に傾く，5月に成熟
冬芽：紡錘形長さ4〜6mm，花芽は紡錘状卵形で長さ8〜17mm，灰白色の絹毛あり，互生
分布：日本，朝鮮，中国
用途：花材　㊥猫柳

雄花　　雌花

タチヤナギ ●ヤナギ科
Salix subfragilis Anders.　P.24　P.61　P.92

湿地や河岸に生える落葉樹,高さ10m
葉：長楕円状披針形で長さ5〜15cm,細鋸歯縁,裏面やや粉白色,若葉は褐色を帯びる
花：雌雄異株,雄花序は長さ2〜6cm,葯は黄色,雌花序は淡緑色,長さ2〜5cm,5月開花
果実：果序は長さ4〜7cm,6月に成熟
冬芽：長楕円形で先は細くやや扁平,長さ3〜5mm,花芽は長さ5〜6mm,互生する
分布：日本,朝鮮,中国東北部,サハリンなど
用途：護岸用　㊤立柳

雄花　　　雌花

エゾヤナギ ●ヤナギ科
Salix rorida Lackschewitz　P.24　P.61

小石の多い河岸に生える落葉樹で,高さ15m
葉：長楕円状披針形,長さ8〜12cm,細鋸歯縁,表面光沢,裏面粉白色,托葉は遅くまで残る
花：雌雄異株,雄花序の葯は黄色,雌花序は淡緑黄色,長さ4cm,4〜5月葉より先に開花
果実：果序は長さ5cm,5〜6月に成熟する
冬芽：長楕円形でやや扁平し長さ4〜6mm,花芽は楕円形で長さ12〜18mm,互生
分布：北海道,本州(長野県),サハリンなど
用途：護岸用　㊤蝦夷柳

雄花　　　雌花

オノエヤナギ ナガバヤナギ ●ヤナギ科
Salix sachalinensis Fr. Schm. P.24 P.61 P.92

　湿地や河岸に生える落葉樹で, 高さ 10 〜 15 m
葉：披針形または狭長楕円形, 長さ 8 〜 16 cm,
　　波状微凸鋸歯縁, ふちは裏面に巻き込む, 互生
花：雌雄異株, 雄花序の葯は淡橙黄色, 雌花序
　　は黄緑色で長さ 2 〜 4 cm, 5 月葉より先に開花
果実：果序は長さ 4 cm, 6 月に成熟する
冬芽：長楕円形で先は円いかややとがる, 扁平で
　　長さ 3 〜 6 mm, 花芽は円筒形で長さ 5 〜 8 mm
分布：北海道, 本州, 四国, 千島, サハリンなど
用途：護岸用　㊔長葉柳

雄花　　　雌花

シロヤナギ ●ヤナギ科
Salix jessoensis Seemen P.24 P.61

　河のふちや湿った平原に多い落葉樹, 高さ 20 m
葉：長楕円状披針形〜披針形, 長さ 5 〜 11 cm,
　　小波状細鋸歯縁, 若葉は両面に白絹毛あり
花：雌雄異株, 雄花序は長さ 2.5 〜 4.5 cm, 葯は
　　黄色, 雌花序は黄緑色, 長さ 2 〜 3 cm, 5 月に
　　葉より先に開花
果実：果序は長さ 3 〜 4 cm, 6 月に成熟
冬芽：楕円形で長さ 3 〜 5 mm, 互生
分布：北海道, 本州東北部
用途：公園樹, 護岸用　㊔白柳

雄花　　　雌花

エゾノキヌヤナギ ●ヤナギ科
Salix pet-susu Kimura　P.24　P.61　P.92

水辺に多く生える落葉樹で，高さ6～13m
- 葉：披針形で長さ8～20cm，全縁，裏面絹毛を密生し銀白色，葉柄は長さ8～15mm，互生
- 花：雌雄異株，雄花序の葯は橙黄色，雌花序は淡黄色，長さ2～3cm，4～5月葉より先に開花
- 果実：果序は長さ約10cm，5～6月に成熟
- 冬芽：長楕円形で扁平，長さ4～7mm，灰色の絹毛あり，花芽は円筒状紡錘形で長さ6～15mm
- 分布：北海道，本州中部以北，サハリン
- 用途：花材，細工物　㊋蝦夷の絹柳

雄 花

雌 花

イヌコリヤナギ ●ヤナギ科
Salix integra Thunb.　P.25　P.61　P.92

小川や湿地の近くに生える落葉樹，高さ6m
- 葉：狭長楕円形で長さ4～10cm，低鋸歯縁，若葉は黄緑～紅色，葉柄は短く，対生ときに互生
- 花：雌雄異株，雄花序は長さ2～3cm，葯は紅色，雌花序は淡緑色で黒色がまざる，長さ約2cm，5月に葉より先に開花
- 果実：果序は長さ3～5cm，6月に成熟
- 冬芽：長卵形，葉芽は長さ3～5mm
- 分布：北海道，本州，九州，南千島，朝鮮など
- 用途：花材，細工物，護岸用　㊋犬行李柳

雄 花

雌 花

ウンリュウヤナギ　●ヤナギ科
Salix matsudana var. tortuosa Vilm.　P.25　P.61

中国，朝鮮，東シベリア原産の落葉樹，高さ20m，枝はよじれる，公園などに植えられる
葉：線状披針形，長さ5～9cm，点状鋸歯縁，全体に大きく波を打つ，互生
花：雌雄異株，雄花序は長さ2.5cm，葯は黄色，雌花序は長さ1.5cm，淡緑色，5月中旬開花
果実：果序は長さ4～5cm，6～7月に成熟
冬芽：長卵形，先はややとがる，長さ2～4mm
用途：庭園・公園樹，花材

㊢雲竜柳　㊇Contorted willow

雄花　　　雌花

シダレヤナギ　●ヤナギ科　*Salix babylonica Linn.*　P.24　P.61

中国原産の落葉樹で，高さ15～20m，枝は細く，長く下垂する，道内では街路や公園に植えられる
葉：線状披針形，先は次第に狭くなる，長さ8～13cm，細鋸歯縁，裏面粉白色，若葉の裏面には毛があるが，成葉は無毛
花：雌雄異株，尾状花序で長さ3～6cm，5月に葉より先に開花，葯は黄色，雌株は緑黄色だが少ない
冬芽：長卵形で長さ3～5mm，花芽は卵形，長さ4～6mm，互生する
用途：公園・街路樹，花材，細工物

㊢枝垂柳　㊇Weeping willow

雄花　　　雌花

エゾノカワヤナギ ●ヤナギ科
Salix miyabeana Seemen　P.24　P.61

川岸に多く生える落葉樹，高さ5m
葉：狭披針形，長さ6～16cm，細鋸歯縁，無毛
花：雌雄異株，雄花序は長さ4～6cm，葯は黄色で初め紅色を帯びる．雌花序は淡緑色で長さ3～6cm，5月に葉より先に開花
果実：果序は長さ3～6cm，6月に成熟
冬芽：円筒状紡錘形，長さ3～5mm，腹面に灰色の軟毛あり，花芽は7～9mm
分布：北海道，本州（北部）
用途：護岸用　漢 蝦夷の川柳

雄 花

雌 花

カワヤナギ　ナガバカワヤナギ　●ヤナギ科
Salix gilgiana Seemen　P.24　P.61

川岸や湿地に生える落葉樹，高さ5m
葉：線状披針形，長さ7～16cm，波状鋸歯縁
花：雌雄異株．雄花序の葯は黄色，雌花序は淡緑色，長さ3～5cm，4～5月葉より先に開花，花柱が0.4～0.8mmで前種よりやや長い
冬芽：長楕円形で長さ3～5mm，互生する
分布：北海道（南部），本州，四国
用途：護岸用，花材　漢 川柳

ミヤマヤチヤナギ ●ヤナギ科
Salix paludicola Koidz.　P.41

高山帯の日当りのよい湿地に生える落葉低木
葉：狭～広倒卵形，長さ17～22mm，円頭で縁，若葉無毛，やや厚く光沢あり裏面粉白
花：雌雄異株．雄花序の葯は紅色，雌花序に緑色で長さ2～3cm，6～7月に開花
果実：果序は長さ3～4cm，7～8月に成熟
分布：北海道（大雪山）

エゾマメヤナギ ●ヤナギ科
Salix pauciflora Koidz.　P.41　P.62

　大雪山の高山帯の日当りのよい岩れき地に生える落葉小低木，ほふく性で幹は地面をはう
葉：楕円形で長さ6〜17mm，全縁または微低鋸歯縁，側脈4〜6対，革質
花：雌雄異株，雄花序は楕円形で長さ4〜10mm，葯は紅色，雌花序は淡黄色，卵状球形で長さ3〜7mm，6〜7月に開花
果実：果序は長さ約1.5cm，7〜8月に成熟
冬芽：楕円形で鈍頭，長さ約2mm，互生する
分布：北海道（大雪山）　㊊蝦夷豆柳

雄　花　　　　雌　花

エゾノタカネヤナギ　マルバヤナギ　●ヤナギ科
Salix yezoalpina Koidz.　P.41　P.61

　高山帯の日当りのよい砂れき地に生える落葉小低木，ほふく性で幹は地面をはう
葉：円形〜広楕円形，長さ1.5〜6cm，円頭，細低鋸歯縁，裏面は粉白色で葉脈は凸出，若葉には毛があるがすぐに落ちる，互生
花：雌雄異株，尾状花序で長さ3cm，雄花序の葯は淡紅〜黄色，雌花序は緑黄色，6〜7月開花
果実：果序は長さ約5cm，7〜8月に成熟
冬芽：楕円形で先は円く，長さ2〜4mm
分布：北海道　㊊蝦夷の高嶺柳

雌　花　　　　　　　　　　　雄　花

ヒダカミネヤナギ ●ヤナギ科
Salix hidaka-montana Hara P.41 P.62

日高山脈の日当りのよいところに生える落葉小低木，幹は地面をはい，高さ10〜20cm
葉：円形または楕円形，長さ2〜4cm，全縁または不明の波状鋸歯縁，上面の脈は凹入する
花：雌雄異株，尾状花序で長さ2〜3cm，雄花序の葯は紅色，雌花序は緑黄色で，6〜7月開花
果実：果序は長さ2〜5cm，7〜8月に成熟
冬芽：卵形〜長楕円形で長さ3〜7mm，互生
分布：北海道（日高山脈）
㊥日高嶺柳

雄花

ヤチヤナギ　エゾヤマモモ ●ヤマモモ科
Myrica gale var. tomentosa C. DC. P.39 P.67 P.89

湿地に生える落葉樹で，高さ30〜60cm
葉：狭卵形〜長楕円形倒披針形，長さ1.5〜4cm，両面に軟毛あり，ほとんど無柄
花：雌雄異株，雄花序は橙黄色，楕円形で長さ7〜10mm，雌花序は長さ6〜8mmで紅色，4〜5月に開花
果実：果穂は広楕円形，長さ1〜1.5cm，緑色から黄緑褐色になり，9〜10月に成熟
冬芽：卵形で先はややとがる，長さ2mm，互生
分布：北海道，本州，千島など　㊥谷地柳

雄花　雌花

オニグルミ　●クルミ科　P.58 P.63 P.79
Juglans ailanthifolia Carr. (J. mandshurica var. sachalinensis)

やや湿ったところに生える落葉樹, 高さ20m
葉：奇数羽状複葉, 長さ25〜50cm, 小葉9〜21
花：雄花は淡緑色, 穂状で10〜30cm, 雌花は
　　赤〜淡赤色, 穂状で直立か斜上, 5〜6月開花
果実：卵円形で長さ3〜4cm, 黄緑色で褐色毛
　　を密生, 核は楕円形で長さ約3cm, 10月成熟
冬芽：裸芽で円錐形, 長さ約15mm, 側芽互生
分布：日本, サハリン
用途：家具材, 銃床, 公園樹, 種子は食用
㊈ 鬼胡桃　　㊇ Japanese walnut

雄花

雌花

テウチグルミ　カシグルミ　●クルミ科
Juglans regia var. orientis Kitamura　P.58 P.63 P.79

イラン原産の落葉樹, 高さ15m, 栽培される
葉：奇数羽状複葉, 長さ15〜40cm, 互生, 小
　　葉は3〜9枚, 楕円形または広楕円形, 全縁
花：雄花序は尾状で淡黄色, 雌花序は短く, 成
　　熟する雌花は2, 3個, 淡黄緑色で5月に開花
果実：核果はほぼ球形, 長さ4〜5cm, 灰緑色,
　　10月に成熟, 核は淡褐色, 長さ3〜4cm
冬芽：頂芽は球状円錐形, 長さ7〜10mm, 裸芽
用途：種子を食用, 材は家具・器具用
㊈ 手打ち胡桃　　㊇ Persian walnut（母種）

雄花

雌花

サワグルミ　カワグルミ　●クルミ科
Pterocarya rhoifolia Sieb. et Zucc.　P.58　P.63　P.79

沢沿いの湿った所に生える落葉樹, 高さ25m
葉：奇数羽状複葉で長さ20～40cm, 小葉9～21, 互生する
花：雄花序は淡黄緑色で長さ5～15cm, 雌花序は長さ10～20cm, 柱頭紅色, 5～6月開花
果実：果穂は長さ20～30cm, 10月に成熟
冬芽：裸芽で紡錘形, 長さ10～25mm
分布：日本, 本道は南部
用途：器具材, マッチ軸, パルプ, 公園樹など
㊠沢胡桃　㊡Japanese wingnut

雄花(右)と雌花(左)

雌花

アカシデ　●カバノキ科
Carpinus laxiflora Blume　P.28　P.62　P.85

山地に多く生える落葉樹, 高さ15m
葉：卵状楕円形, 長さ3～7cm, 尾状鋭尖頭, 細鋸歯縁, 若葉はやや紅褐色, 側脈9～15対
花：雄花序は4～5cm, 黄褐色, 雌花序は3～5cm, 柱頭は紅色, 5月に葉と同時に開花
果実：果穂は長さ4～10cmの円柱形, 10月に成熟, 緑黄色から淡黄色になる
冬芽：紡錘形, 先はとがり長さ4～7mm, 互生
分布：日本, 朝鮮, 中国, 北海道は南空知以南
用途：器具材, 公園樹, 盆栽など　㊠赤四手

雄花　　　　　雌花

サワシバ ●カバノキ科
Carpinus cordata Blume　P.27　P.62　P.85

谷沿いに多く生える落葉樹, 高さ12m
葉：卵形〜卵状心形, 長さ7〜14cm, 急鋭先頭, 基部心形, 細鋸歯縁, 側脈15〜20対, 互生
花：雄花序は緑黄色で下垂し, 長さ3〜5cm, 雌花序は長さ2〜4cm, 緑色, 5月に開花
果実：果穂は円柱形で下垂, 長さ7cm, 鱗片がゆるく重なりあう, 9〜10月に褐色に熟す
冬芽：紡錘形で長さ8〜14mm, 4稜がある
分布：日本, 朝鮮, 中国など
用途：器具材, 床柱, 椎茸原木など

雄花　　雌花

アサダ ●カバノキ科
Ostrya japonica Sarg.　P.28　P.62　P.85

山地に生える落葉樹, 高さ20〜25m, 樹皮は鱗片状にはげ, 下から反り返る
葉：狭卵形, 長さ5〜13cm, ふぞろいな重鋸歯縁, 鋭尖頭, 初め軟毛密生するがのちやや無毛
花：雄花序は黄褐色, 長さ5〜7cmで下垂, 雌花序は緑色〜白緑色で長さ1〜2cm, 5月開花
果実：果穂4〜6cm, 狭卵形で10月成熟, 灰褐色
冬芽：卵形〜楕円形, 長さ2〜5mm, 互生する
分布：日本　　用途：建築材, 器具材など
㊥ Japanese hophornbeam

雄花　　雌花

ツノハシバミ ●カバノキ科
Corylus sieboldiana Blume　P.46　P.62　P.79

山地に生える落葉樹で、高さ3〜4m
葉：広倒卵形、長さ5〜11cm、先は急にとがる
花：雄花序は尾状で淡褐色、雌花序は花が数個集まり、赤い柱頭が外に出る、4月に開花
果実：堅果で総苞は筒状、刺毛を密生し長さ3〜5cm、10月成熟、淡緑褐色、トックリハシバミ（var. brevirostris）は総苞が短く約1cm
冬芽：倒卵形で先は円く、長さ4〜8mm、互生
分布：日本、朝鮮、北海道は日本海側
用途：種子は食用　㊈角榛

雄花と雌花

トックリハシバミ

ハシバミ　オオハシバミ　●カバノキ科
Corylus heterophylla var. thunbergii Blume　P.46

日当りのよい山地に生える落葉樹、高さ5m
葉：倒卵円形〜広倒卵形、長さ5〜12cm、欠刻状重鋸歯縁、急に短鋭尖頭、基部浅心形
花：雄花序は淡褐色で長さ3〜7cm、雌花序は数個の花が頭状に集まる、柱頭紅色、4月開花
果実：堅果、径1.5cmの球形で鐘形葉状の総苞に包まれる、10月に成熟、淡緑褐色
冬芽：広卵形で先は円い、長さ3〜4mm、互生
分布：日本
用途：種子は食用　㊈榛

雄花

ヤチカンバ　ヒメオノオレ　●カバノキ科
Betula ovalifolia Rupr　P.27　P.62　P.81

　道東の湿原に生える落葉樹，高さ1.5m
葉：楕円形〜卵円形，長さ1.5〜4cm，鋭頭，基部広いくさび形，不整細鋸歯縁，側脈4〜6対
花：雄花序は尾状で黄褐色，長さ2〜3.5cm，雌花序は紅緑色，長さ1〜2cm，5月開花
果実：果穂は長楕円状円柱形，長さ約2cm，9〜10月に成熟し，初め緑色のち淡褐色になる
冬芽：長卵形〜紡錘形，長さ3〜5mm，互生
分布：北海道（十勝，根室），朝鮮など
㊣谷地樺

雄花と雌花

アポイカンバ　●カバノキ科
Betula apoiensis Nakai　P.27　P.62　P.81

　アポイ岳に生える落葉樹，高さ1〜2m
葉：卵形〜広卵形，長さ1.5〜4cm，鋭頭，基部やや円形，不ぞろいな鋸歯縁，側脈6〜8対
花：雄花序は黄褐色，長さ3〜4cmで下垂，雌花序は紅緑色で直立し長さ1〜2cm，5月に開花
果実：果穂は短円柱状で直立，長さ1〜3cm，9月頃成熟，初め緑色のち淡褐色
冬芽：長卵形〜紡錘形，長さ3〜5mm
分布：北海道（アポイ岳）

雄花と雌花

シラカンバ　シラカバ　●カバノキ科
Betula platyphylla var. japonica Hara　P.27　P.62　P.81

高さ20～25m, 太さ30～40cmになる落葉樹, 日当りのよい所や山火跡地などに生える

葉：三角状広卵形, 長さ5～8cm, 幅4～6cm, 鋭尖頭, 基部ほぼ切形, 重鋸歯縁, 側脈6～8対, 秋に黄葉, 互生する

花：雄花序は尾状で長さ5～7cm, 下垂し黄褐色, 雌花序は直立し2.5～4cm, 紅緑色, 5月開花

果実：果穂は円柱形で下垂し, 長さ3～4.5cm, 10月成熟, 初め緑色のち淡褐色

冬芽：長楕円形～長卵形, 長さ5～10mm

分布：北海道, 本州中部以北, アジア東北部

用途：庭園・公園・街路樹, 器具材, 工芸物, パルプ材, 割箸など

㊊ 白樺　㊋ Japanese white birch

類似種：シラカンバでは, 果穂は下を向き, 葉の側脈は6～8対であるが, ダケカンバは果穂は斜上または直立し, 側脈は7～12対と多く, より高い場所に生える

雄花　　　雌花

雄花と雌花

ダケカンバ ダケカバ ●カバノキ科
Betula ermanii Cham. P.27 P.62 P.81

亜高山〜高山帯に生える落葉樹，高さ15m，
高山では低木状，樹皮は灰白色で老樹では縦裂
葉：三角状広卵形，長さ5〜10cm，鋭尖頭，基
部円形〜切形，不整重鋸歯縁，側脈7〜12対
花：雄花序は黄褐色，長さ5〜7cm，雌花序は
紅緑色，長さ2〜4cmで直立，5〜6月開花
果実：果穂は長さ2〜4cm，9〜10月成熟
冬芽：長楕円形か紡錘形，長さ7〜12mm，互生
分布：北海道，本州中部以北，四国，千島など
用途：建築・器具材　㊊岳樺　㊇Erman's birch

ウダイカンバ　マカバ　サイハダカンバ　●カバノキ科
Betula maximowicziana Regel　P.36　P.62　P.81

山地の適潤地に生える落葉樹，高さ 25 m
葉：広卵状心形，長さ 8 〜 16 cm，不整細鋸歯縁，
　　基部深い心形，側脈 10 〜 12 対，互生する
花：雄花序は尾状で黄褐色，長さ約 15 cm で下
　　垂，雌花序は淡緑色で長さ 4 〜 6 cm，5 月開花
果実：果穂は下垂し長さ 6 〜 9 cm，9 月に成熟
冬芽：長楕円状卵形，長さ 8 〜 12 mm
用途：高級家具材，建築材，器具材，楽器材
分布：北海道，本州，南千島　㋱鵜松明樺
㋳ Monarch birch, Maximowicz's birch

雄　花　　　　　　　雌　花

ヤエガワカンバ　コオノオレ　●カバノキ科　*Betula davurica* Pall.　P.27 P.62 P.81

日当りのよい山地に生える落葉樹，高さ20m，樹皮は重なってはがれる
葉：ひし状卵形，長さ3〜7cm，互生
花：雄花序は黄褐色で長さ4〜7cm，雌花序は長さ2cmで直立し紅緑色，5月に開花する
果実：卵状楕円形で長さ約2.5cm，9〜10月成熟，緑色のち淡褐色
冬芽：紡錘形で長さ3〜6mm
分布：北海道，本州中部以北など
用途：器具材，パルプなど
㊂ 八重皮樺

雄花と雌花

シダレカンバ　ベルコーザカンバ　●カバノキ科　*Betula verrucosa* Ehrh. (*B. pendula* Roth)　P.27 P.62 P.81

ヨーロッパ原産の落葉樹，高さ20m，枝は細長く下垂，変種が多い
葉：ひし卵形，長さ2〜6cm，鋭尖頭，不整重鋸歯縁，互生する
花：雄花序は尾状で黄褐色，下垂し長さ4〜7cm，雌花序は斜上し紅緑色，長さ約2.5cm，5月に開花
果実：円柱状で長さ3.5cm，9〜10月成熟，緑色から褐色になる
冬芽：長卵形〜紡錘形，長さ5〜7mm
用途：公園・街路樹，建築・器具材
㊂ 枝垂樺
㊇ European weeping birch

雄花と雌花

ヒメヤシャブシ　ハゲシバリ　●カバノキ科
Alnus pendula Matsum.　P.28　P.62　P.82

河岸や崩壊地に多い落葉樹, 高さ3m
葉：広披針形, 長さ5～10cm, 細重鋸歯縁,
　　基部広いくさび形, 互生
花：雄花序は尾状で淡黄褐色, 長さ4～6cm,
　　雌花序は淡緑色, 長さ4～6mm, 4～5月開花
果実：楕円形で長さ約15mm, 下垂, 9～10月
　　緑色から褐色になり成熟
冬芽：披針～紡錘形, 長さ6～12mm
分布：北海道, 本州の日本海側
用途：砂防用, 肥料木　㊢姫夜叉五倍子

雄花と雌花

ミヤマハンノキ　●カバノキ科
Alnus maximowiczii Callier　P.36　P.62　P.82

亜高山や高山に生える落葉樹, 高さ3～10m
葉：広卵形で長さ5～10cm, 基部円形～浅心
　　形, 重鋸歯縁, 粘質, 互生する
花：雄花序は尾状で黄色, 長さ5～7cm, 雌花
　　序は赤褐色, 長さ約4mm, 5～7月に開花する
果実：広楕円形, 長さ1～1.5cm, 9月頃緑色
　　から褐色になり成熟
冬芽：長卵形～紡錘形, 長さ5～10mm
分布：北海道, 本州中部以北, 千島, 朝鮮など
用途：砂防用　㊢深山榛の木

雄花と雌花

ハンノキ　ヤチハンノキ　●カバノキ科　*Alnus japonica* Steud.　P.28 P.62 P.82

原野の湿地に多い落葉樹、高さ20m
葉：卵状長楕円形、長さ5～13cm、不整鋸歯縁、互生する
花：雄花序は褐紫色、尾状で長さ4～8cm、枝先に下垂、雌花序は紅紫色、長さ3～4mm、4月に開花
果実：卵状楕円形、長さ15～20mm、10月成熟
冬芽：長楕円状卵形、長さ5～8mm
分布：日本、サハリン、朝鮮など
用途：公園樹、器具材など
㋐榛の木　㋑Japanese alder

雄花と雌花

ウスゲヒロハハンノキ　●カバノキ科
Alnus × mayrii Call.　P.28 P.62

ハンノキとケヤマハンノキの雑種、落葉樹で高さ20m、平地の湿った所にまれに見られる
葉：広楕円形、不整鋸歯縁、脈上に赤褐色の毛
花：雄花序は紫褐色、尾状で長さ5～8cm、枝先に下垂、雌花序はその手前につき紅紫色で長さ約4mm、4月に開花
果実：卵状楕円形、長さ15～20mm、9月頃成熟、初め緑色のち褐色
冬芽：長楕円状卵形、長さ6～9mm、互生する
分布：北海道、本州（北部）、朝鮮

雄花と雌花

ケヤマハンノキ ●カバノキ科
Alnus hirsuta Turcz. P.46 P.62 P.82

平地から山地に生える落葉樹，高さ20m
- 葉：広楕円形〜広卵形，長さ6〜14cm，浅い欠刻状重鋸歯縁，基部切〜やや円形，側脈6〜8対，ヤマハンノキ(var. sibirica)の葉は無毛
- 花：雄花序は褐紫色，長さ7〜9cmの尾状で下垂，雌花序は長さ約4mm，紅褐色で4月開花
- 果実：卵状楕円形，長さ15〜25mm，9月成熟
- 冬芽：楕円状倒卵形，長さ6〜10mm，互生
- 分布：日本，サハリン，朝鮮，シベリアなど
- 用途：土木・器具材，砂防用，公園・街路樹

雄花と雌花

コバノヤマハンノキ　タニガワハンノキ ●カバノキ科
Alnus hirsuta var. microphylla Tatewaki (A. inokumae Murai et Kusaka)　P.46 P.62 P.82

山地の川沿いなどに生える落葉樹，高さ15m，各部に絹毛が多い
- 葉：広卵形〜卵円形，長さ3〜6cm，浅い欠刻状重鋸歯縁，基部切〜円形，側脈5〜8対
- 花：雄花序は褐紫色，長さ7〜9cmの尾状で下垂，雌花序は長さ約4mmで紅褐色，4月開花
- 果実：卵状長楕円形，長さ10〜13mm，9月成熟
- 冬芽：楕円状倒卵形，長さ5〜8mm，互生する
- 分布：北海道(南部)，本州中部以北
- 用途：砂防用，器具材など

雄花と雌花

グルチノーザハンノキ ●カバノキ科
Alnus glutinosa Caertn. P.35 P.62 P.81

ヨーロッパ原産の落葉樹で，高さ 20 m
葉：円形または倒卵形，長さ 5 〜 13 cm，円頭，基部は円く，不整鋸歯縁，側脈 5 〜 7 対
花：雄花序は尾状で長さ 6 〜 13 cm，枝先に下垂し褐色，雌花序は長さ約 4 mm で褐紫色，4 月に開花する
果実：球状長卵形，長さ 13 〜 18 mm，10 月成熟
冬芽：長楕円状倒卵形，長さ 7 〜 12 mm，互生
用途：砂防用，器具材，公園・街路樹など
英 Common alder, Black alder

雄花と雌花

アカナラ アカガシワ ●ブナ科
Quercus rubra Linn. (Q. borealis Michx.) P.45 P.63 P.79

北アメリカ原産の落葉樹，高さ 20 〜 25 m
葉：長楕円形〜倒卵形，長さ 8 〜 22 cm，3 〜 9 裂片があり三角状卵形〜卵状長楕円形，互生
花：雄花序は長さ 5 〜 8 cm の尾状で下垂し緑黄色，雌花序は赤色で腋生，5 〜 6 月開花
果実：堅果は広卵形，長さ約 25 mm，2 年目の 10 月成熟，緑色から褐色になる，殻斗は扁平
冬芽：長卵形で長さ 4 〜 6 mm，頂生側芽がつく
用途：公園・街路樹，建築・器具材
英 Northern red oak

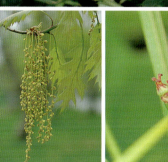
雄花　　雌花

ミズナラ　●ブナ科　*Quercus crispula* Blume
(*Q. mongolica var. grosseserrata* Rehd. et Wils.)　P.45　P.63　P.79

落葉樹で高さ30m, 太さ1m. 山地に多いが海岸まで生える. 材は硬く, 木目が美しい

葉：倒卵状長楕円形, 長さ7～20cm, 大きな鋸歯縁, 基部は徐々に狭くなり, 耳状となってごく短い柄になる. 互生する

花：雄花序は黄緑色で尾状, 長さ6～8cmで新枝の下部に下垂する. 雌花序は新枝上部の葉腋に1～3花つき黄緑色. 5～6月に開花

果実：堅果(ドングリ)は長楕円形～楕円形, 長さ2～3cm, 総苞片は密に覆瓦状に並び, 広卵形. 総苞(殻斗)は杯状, 径約15mm, 高さ約1cm, 9～10月に成熟, 初め緑色でのちに褐色

冬芽：頂芽は卵形～五角錐形, 長さ5～10mm, 輪生状に頂生側芽がつく, 側芽は互生

分布：日本, 千島, サハリン

用途：高級家具材, 建築・器具材, 公園樹, 椎茸の原木など　㊤水楢

雑種：カシワとの雑種をカシワモドキという

雄 花　　　雌 花

カシワ ●ブナ科
Quercus dentata Thunb. P.45 P.63 P.79

　海岸から山地の日当りのよい所に生える落葉樹，高さ20m，太いものは1m以上になる
葉：倒卵状長楕円形，長さ12〜30cm，波状鈍鋸歯縁，基部はくさび形に狭くなりやや耳状，葉柄は極めて短い，裏面に毛を密生，質は厚くやや革質，互生する
花：雄花序は黄緑色で長さ8〜15cm，新枝の下部に下垂，雌花序は黄緑色でやや紅色を帯び，新枝の上部の葉腋につく，5〜6月開花
果実：堅果は楕円形〜球形，長さ1.5〜2cm，総苞(殻斗)は杯状，総苞片はらせん状に密生し，そりかえる，9〜10月に成熟，初め緑色で後に褐色になる
冬芽：頂芽は広卵形か五角錐形，長さ5〜10mm，頂生側芽が輪生状につく，毛が生える
樹皮：黒褐色〜灰褐色で厚く，深く縦に裂ける
分布：日本，南千島，朝鮮，中国
用途：欅などの器具材，公園樹，葉は餅を包む
㊢柏，槲　㊥Daimyo oak

雄花　　雌花

コナラ ●ブナ科
Quercus serrata Thunb. P.45 P.63 P.79

日当りのよい山野に生える落葉樹, 高さ 15 m
葉：倒卵状長楕円形, 長さ 7〜14 cm, 鋭鋸歯縁, 表面初め絹毛ある, 裏面有毛で灰白色, 互生
花：雄花序は尾状で黄緑色, 下垂する, 雌花序は黄緑色でやや紅色を帯びる, 5〜6月開花
果実：堅果は長楕円形, 長さ 16〜22 mm, 殻斗は浅い杯状, 10月成熟, 初め緑色のち褐色
冬芽：五角錐形, 長さ 4〜7 mm, 頂生側芽あり
分布：日本, 朝鮮, 道内は十勝以西, 空知以南
用途：器具材, 椎茸原木　㊤小楢

雄花

雄花　　　　　　　雌花

ブナ　ソバグリ　●ブナ科
Fagus crenata Blume　　P.33　P.64　P.79

山地の肥沃な所に生える落葉樹. 高さ 20 〜 30 m, 太さ 60 〜 100 cm, 公園などにも植えられる

葉：質やや厚く卵形〜菱状卵形, 長さ 4 〜 10 cm, 波状鈍鋸歯縁, 側脈 7 〜 11 対, 基部は広いくさび形, 洋紙質, 秋に黄葉する, 互生

花：雄花序は黄褐色, 6 〜 15 個の花が頭状に集まり下垂. 雌花序は黄緑色で花柱は淡赤色, 2 個の花が上向きにつく, 5 月に葉と同時に開花する

果実：堅果で3稜のある卵形, 2 〜 3 個集まり, 軟らかい刺のある長さ約 2 cm の総苞 (殻斗) に包まれる, 9 〜 10 月に褐色に成熟すると総苞は4裂する

冬芽：披針形で先はとがり長さ 10 〜 30 mm

樹皮：灰白色で平滑, 地衣類がつき斑紋となる

分布：日本, 北海道は黒松内低地帯以南

用途：建築・器具材, 公園樹, 盆栽, パルプ材など, 果実は食べられる

漢 橅　　英 Siebold's beech

雄花　　雌花

クリ ●ブナ科
Castanea crenata Sieb. et Zucc. P.46 P.64 P.79

山野に生える落葉樹，高さ 15 〜 20 m
- 葉：長楕円状披針形，長さ 7 〜 15 cm，左右不同
- 花：雄花序は淡黄白色，尾状で斜上する．雌花は淡緑色で尾状花序の基部につく．7月に開花
- 果実：総苞（殻斗）は球状で刺を密生，堅果は扁球形，基部に広いつき跡，10月頃成熟
- 冬芽：広卵形，やや扁平し長さ 3 〜 4 mm，互生
- 分布：日本，本道では中部以南
- 用途：果樹，庭園樹，建築・彫刻・器具材など
- 漢 栗　英 Japanese chestnut

雄花と雌花

チュウゴクグリ シナグリ ●ブナ科
Castanea mollissima Blume P.46 P.64 P.79

中国原産の落葉樹，高さ 15 m，栽培される
- 葉：卵状長楕円形〜長楕円状披針形，長さ約 15 cm，細鋸歯縁，裏面に毛あり，互生する
- 花：雄花序は淡黄白色，尾状で斜上する．雌花は淡緑色で尾状花序の基部つく．7月開花
- 果実：殻斗は球形で刺密生，堅果は扁球形で径約 25 mm，頭部に毛，9 〜 10月に成熟，褐色
- 冬芽：卵形〜広卵形，長さ 3 〜 4 mm，毛がある
- 用途：果樹，天津栗は本種である
- 漢 中国栗　英 Chinese chestnut

雄花と雌花　　クリとチュウゴクグリ

ハルニレ　アカダモ　ニレ　エルム　●ニレ科
Ulmus davidiana var. japonica Nakai　**P.46　P.64　P.81**

平地の適潤～やや湿った肥沃な所に生える落葉樹，高さ30m，太さ1.5m以上になる，街路や公園にも植えられる

葉：倒卵形～倒卵状楕円形，長さ4～15cm，先は急にとがる，二重鋸歯縁，左右不同，基部くさび形，葉柄は4～12mm，互生する

花：前年枝の葉腋に赤褐色の小さな花を多数束生する，4～5月に葉よりも先に開花

果実：翼果は倒卵形で扁平，長さ10～15mm，先はくぼむ，6月成熟，緑黄色から褐色になる

冬芽：卵形～卵状円錐形で先はとがる，長さ3～5mm，有毛，枝にコルク質の翼があるものをコブニレ(f. suberosa)という

樹皮：灰色～暗灰色で不規則に縦に裂ける

分布：日本，千島，サハリン，朝鮮，中国など

用途：公園・街路樹，家具・器具・楽器材など

㊈春楡　㊇Japanese elm

類似種：オヒョウは葉先が分裂することがある，若枝・冬芽は無毛，翼果の先はくぼまない

コブニレ

オヒョウ　オヒョウニレ　●ニレ科
Ulmus laciniata Mayr　P.47　P.64　P.81

山地の中腹以下に生える落葉樹，高さ 25 m
葉：倒広卵形〜長楕円形，長さ 7 〜 15 ㎝，二重
　　鋸歯縁，左右不同，先はとがるか 3 〜 7 個の
　　とがった裂片に分かれ，短毛が生える，互生
花：淡黄色，4 〜 5 月葉より先に開花，枝に束生
果実：翼果で広楕円形，長さ約 15 ㎜，6 月に成
　　熟，初め緑色のち灰褐色になる
冬芽：長卵形，長さ 3 〜 6 ㎜，ほとんど無毛
分布：北海道，本州，九州，朝鮮，中国など
用途：器具材など，樹皮はアッシ（着物）の材料

ノニレ　マンシュウニレ　●ニレ科
Ulmus pumila Linn.　P.28　P.64　P.81

朝鮮，中国北部，シベリア東部などの原産，高
さ 20 m になる落葉樹，公園などに植えられる
葉：楕円形〜披針状楕円形，長さ 2 〜 7 ㎝，先
　　はとがり基部はくさび形，鈍鋸歯縁，互生
花：紫褐色，4 〜 5 月葉より先に開花，束生する
果実：翼果は卵状で扁平，長さ 15 ㎜，先端は深
　　く裂け，6 月成熟
冬芽：卵形，長さ 2 ㎜，花芽は球形径 3 ㎜
用途：公園・街路樹，生垣など
㊥ Siberian elm

ケヤキ ●ニレ科
Zelkova serrata Makino　P.28　P.64

庭や公園に植えられる落葉樹, 高さ30〜40 m
葉：卵状披針形, 長さ2〜10 cm, 先はとがり
　　基部は円いかやや心形, 左右不同, 鋸歯縁
花：雄花は黄緑色で若枝の葉腋につく, 雌花の
　　柱頭は黄白色で径約3 mm, 5月に開花
果実：ゆがんだ腎形, 径約4 mm, 10月頃成熟
冬芽：卵形〜円錐状卵形, 長さ2〜4 mm, 互生
分布：本州, 四国, 九州, 朝鮮, 中国, 台湾
用途：庭園・公園・街路樹, 建築・器具材
㊊ 欅, 槻　　㊍ Japanese zelkova

雄花　　　雌花

エゾエノキ ●ニレ科　*Celtis jessoensis* Koidz.　P.28　P.64　P.84

山すそに生える落葉樹, 高さ20 m,
国蝶オオムラサキの食草である
葉：長楕円形, 長さ4〜10 cm, 基部
　　は左右不同, 1/3より上に鋭鋸歯
花：雄花と両性花がある, 淡黄緑
　　色で5月に開花, 花径は3〜5 mm
果実：球形で径7〜10 mm, 10月
に青黒色に熟す, 果柄2.5 cm
冬芽：長卵形〜円錐形, 長さ3〜
　　7 mm, 花芽は卵形, 長さ4〜5 mm,
　　互生
分布：日本, 朝鮮, 中国東北部, 本
　　道では石狩低地帯以南
用途：建築・器具材　　㊊ 蝦夷榎

雄花と両性花

ヤマグワ ●クワ科
Morus bombycis Koidz. (*M. australis* Poiret)　**P.47　P.64　P.85**

山地や平地に生える落葉樹, 高さ 5 〜 12 m
葉：卵形〜広卵形, 長さ 6 〜 20 cm, 不整の鋸歯縁ときに 3 〜 5 中裂, 互生
花：雌雄異株まれに同株, 雄花序は淡褐色, 雌花序は緑白色で若枝の下部につく, 5 月開花
果実：楕円形で長さ 5 〜 14 mm, 8 月黒紫色に熟す
冬芽：広卵形, やや扁平で長さ 3 〜 6 mm
分布：日本, 南千島, 朝鮮, サハリン
用途：公園・街路樹, 器具材など　㋩山桑

雄 花　　　雌 花

ヤドリギ ●ヤドリギ科
Viscum album var. coloratum Ohwi　**P.38　P.88**

樹木の枝や幹に寄生する常緑樹, 高さ 50 cm
葉：倒披針形, 長さ 3 〜 6 cm, 質は厚く, 基部は次第に細くなる, 葉柄はなし, 対生する
花：雌雄異株, 黄色で径 4 〜 6 mm, 枝先につき, 5 月に開花する
果実：球形で径約 7 mm, 10 月頃淡黄色に熟す, アカミヤドリギ (f. rubro-aurantiacum) は赤熟する, 冬も枝上に残る
分布：日本, 朝鮮, 中国
用途：枝や葉を薬用　㋩寄生木

雄 花　　　雌 花　　　アカミヤドリギ

カツラ ●カツラ科
Cercidiphyllum japonicum Sieb. et Zucc.　*P.36*　*P.74*　*P.81*

平地〜山地の沢沿いや，やや湿った斜面に生える落葉樹，高さ20〜30m，太さ1〜2mになる，公園や街路にも植えられる，品種に枝が垂れるシダレカツラ (f. pendulum) があり，まれに植えられる

葉：広卵形〜卵円形，長さ4〜8cm，基部は浅心形，波状の鈍鋸歯縁，長枝の葉はややとがる，対生，新葉は紫赤色で，秋には黄葉する

花：雌雄異株，雄花は多数の雄ずいがあり，葯は紅紫色，雌花の花柱は紅紫色で細長い，5月上旬開花し，短枝上につく

果実：袋果で長さ約1.5cm，円柱状でややそりかえる，9〜10月に成熟，緑色から褐色になる

冬芽：三角錐形〜円錐形，長さ3〜5mm，対生

樹皮：灰褐色で，ねじれるように深く縦裂する

分布：日本

用途：街路・庭園・公園樹，生垣，家具材，器具材，彫刻材，碁盤など

㊥桂　㊞ Katsura tree

雄花

雌花

シダレカツラ

ボタン ●キンポウゲ科
Paeonia suffruticosa Andr.　P.56　P.63

中国原産の落葉樹, 高さ1〜1.5m
葉：2回3出葉, 長さは葉柄も含め25〜40cm,
　　小葉は卵形〜卵状披針形, 長さ4〜10cm,
　　通常先は2〜3裂し, 裂片は全縁, 互生する
花：当年枝に1個つけ, 径12〜20cm, 原種は
　　紫だが園芸品種には白, 紅, 黄色など多数あ
　　る, 花弁は8〜多数, 6月に開花する
果実：袋果で長さ約2.5cm, 9月頃成熟する
冬芽：卵形〜長卵形, 頂芽は長さ18〜25mm
用途：庭園・公園樹, 花材, 薬用　㊈牡丹

クレマチス ●キンポウゲ科　*Clematis hybrida Hort.*　P.55

テッセンやカザグルマなどを交
配して作り出された園芸種の総
称, 道内では一般にテッセンの名
で呼ばれている, 落葉つる性木本
で, 庭などに植えられる
葉：柄があり, 1〜2回3出葉で,
　　小葉は卵形または狭卵形, 長さ
　　2〜4cm, 普通全縁
花：葉腋に単性し, 径5〜8cm,
　　白, 紫, 青, 紅など多くの園芸品
　　種がある, 6月に開花する
果実：長さ約3mm, 花柱は花後伸
　　びて羽毛状になる, 9月頃成熟
用途：庭園樹, 花材

ヤマハンショウヅル ●キンポウゲ科
matis ochotensis Poir.　P.56　P.72　P.90

針葉樹林帯〜亜高山に生える落葉つる性木本
葉：1〜2回の3出葉, 小葉は広披針形〜卵円形, 長さ3〜8cm, 2〜3深裂し, 鋸歯縁
花：紅紫〜紫色の広鐘形で下垂する, 長さ約3cm, 6〜7月に開花
実：長さ3mm, 果柱は羽毛状, 9月成熟
分布：北海道, 本州中・北部, サハリンなど

ゴヨウアケビ ●アケビ科
Akebia × pentaphylla Makino　P.52

アケビとミツバアケビの雑種の落葉つる性木本で, 山野に生え, 道内では南部にある
葉：長柄があり3〜5葉, 小葉は波状鋸歯か全縁, 長さ2〜6cm, 互生
花：雄花と雌花があり, 濃暗紫色, 5〜6月開花
果実：長楕円形, 長さ約10cm, 9〜10月成熟
用途：果実を食用, つるで籠細工　㊎五葉木通

ミツバアケビ ●アケビ科　*Akebia trifoliata* Koidz.　P.55　P.72　P.85

山野に生える落葉つる性木本
葉：3小葉で長柄がある, 小葉は広卵形で長さ2〜6cm, 小数の波状の鋸歯縁, 互生するが, 古い茎には短枝があり, 葉が束生する
花：雄花は径約5mm, 雌花は径約15mm, 濃暗紫色で5〜6月開花
果実：長楕円形で長さ約10cm, 9〜10月成熟し, 果皮は紫を帯びる
冬芽：卵形〜三角形, 長さ2〜4mm
分布：日本, 本道は石狩以南
用途：庭園樹, 果実を食用, つるを籠細工など　㊎三葉木通

雄花と雌花

ヒロハノヘビノボラズ ●メギ科
Berberis amurensis var. japonica Rehd.　P.41　P.68　P.85

山地に生え，蛇紋岩地帯に多い落葉樹．高さ1〜3m．節に刺針がある．若枝や葉柄が赤いものはアカジクヘビノボラズ（f. bretschneideri）

葉：倒卵形〜長楕円状さじ形，長さ3〜10cm，小刺状の細鋸歯あり，基部細長くとがる，互生
花：総状花序でやや下垂し，長さ4〜7cm，5〜6月に黄色の花を十数個つける，花径約6mm
果実：楕円形，長さ約10mm，9〜10月に赤熟
冬芽：楕円形〜卵形，長さ2〜4mm
分布：日本，朝鮮，アムール

メギ ●メギ科
Berberis thunbergii DC.　P.44　P.68　P.85

高さ2mの落葉樹．節に刺針がある

葉：倒卵形〜楕円形，長さ1〜5cm，全縁，基部は細くなる，互生し短枝では束生
花：総状または散状に2〜4個つく，花は淡黄色で径約6mm，5月に開花する
果実：楕円形，長さ7〜10mm，9〜10月に赤熟
冬芽：球形で長さ約2mm，葉針の腋につく
分布：本州（関東以西），四国，九州
用途：庭園・公園樹，生垣

㊊目木　㊥Japanese berberry

ムラサキメギ ●メギ科
Berberis thunbergii f. atropurpurea Rehd. **P.44**

　メギの品種で栽培される．葉は通年紫紅色，高さ2mの落葉樹．節に刺針がある．他品種で葉が赤褐色のベニメギ（アカメギ）も植えられる
葉：倒卵形〜楕円形，長さ1〜5cm，全縁，基部は細くなる．互生し短枝では束生
花：淡黄色で径約6mm，5月に開花
果実：楕円形，長さ7〜10mm，9〜10月に赤熟
冬芽：球形で長さ約2mm，葉針の腋につく
用途：庭園・公園樹，生垣
㊋紫目木

ベニメギ

ヒイラギナンテン ●メギ科
Mahonia japonica DC. **P.59**

　中国，台湾など原産の常緑樹．高さ1〜3m
葉：羽状複葉で長さ30〜40cm，小葉は11〜19枚．革質で光沢あり．小葉はゆがんだ卵形，長さ4〜9cm，粗い鋸歯があり先は針状にとがる．葉は茎の頂に集まってつく
花：総状花序で花は黄色，径約6mm，4〜5月開花
果実：楕円形で長さ約7mm，藍黒色に熟す．表面に粉白がかかる．9〜10月に成熟
用途：庭園・公園樹，花材，薬用　㊋柊南天

アオツヅラフジ ●ツヅラフジ科
Cocculus orbiculatus Forman　**P.37　P.72**

低地や丘陵地の草原に生える落葉つる性木本

葉：広卵形〜卵心形，長さ3〜12cm，硬い膜質，しばしば浅く3裂

花：雌雄異株，花は細長い円錐状の花序につく，花径約4mmで黄白色，7月に開花

果実：石果は球形，径5〜7mm，10月頃藍黒色に熟し，やや白粉をおびる

分布：日本，沖縄，朝鮮，中国，台湾など，本道では南部に自生

用途：薬用　㊉青葛藤

雄 花　　　雌 花

コウモリカズラ ●ツヅラフジ科
Menispermum dauricum DC.　**P.54　P.72**

落葉つる性木本で，平地や丘陵地に生える

葉：腎円形，長さ・幅とも7〜13cm，浅く5〜9裂または角張り，基部は浅心形または切形，柄は楯のようにつき，長さ5〜15cm

花：雌雄異株，花序は短円錐形，花は淡黄緑色，花径約5mm，5〜6月に開花

果実：石果は円腎形で径8〜10mm，10月に淡緑色から黒色になって熟す

分布：日本，サハリン，朝鮮，中国，東シベリアなど，本道では石狩以南にまれにある

雄 花

ホオノキ　ホオガシワ　●モクレン科　*Magnolia obovata* Thunb.　P.45　P.63　P.79

山地に生える落葉樹, 高さ 20 m
葉：倒卵状長楕円形で長さ 20 〜 40 cm, 幅 13 〜 25 cm, 全縁, 互生
花：帯黄白色, 径約 15 cm, 花弁は 6 〜 9 枚, 芳香があり, 6 月頃開花
果実：袋果で長楕円形, 長さ 10 〜 15 cm, 10 月に赤褐色になり裂開する
冬芽：長紡錘形, 長さ 3 〜 5 cm
分布：日本, 中国
用途：公園・庭園樹, 器具・彫刻・下駄材, 樹皮を薬用など
㊢ 朴の木　㊜ Japanese cucumber tree

キタコブシ　●モクレン科

Magnolia kobus var. *borealis* Sarg.　P.45　P.63　P.79

山地や沢沿いに生える落葉樹, 高さ 20 m
葉：広倒卵形, 長さ 10 〜 17 cm, 互生する
花：白色で径約 12 cm, 花弁 6 枚, 4 〜 5 月開花
果実：袋果で長楕円形, 長さ 6 〜 10 cm, 10 月に紅色になって裂開する
冬芽：頂芽は紡錘形, 長さ 10 〜 15 mm, 長い絹毛につつまれる, 花芽は長さ 20 〜 25 mm
分布：北海道, 本州中部以北
用途：公園・街路樹, 家具・器具材, 薬用など
㊢ 北辛夷　㊜ Japanese magnolia

ハクモクレン　●モクレン科
Magnolia denudata Desr.　P.45　P.63　P.79

　中国, 朝鮮原産の落葉樹, 高さ15mになる
葉：倒卵〜広卵形, 長さ8〜15cm, 全縁, 互生
花：白色で香気があり, 開鐘形, 花弁9, 長さ約
　　8cm, がくは花弁と同形同大, 4〜5月開花
果実：袋果で長楕円形, 長さ6〜10cm, 10月
　　頃紅色になり成熟し, 裂開する
冬芽：紡錘〜長楕円形, 長さ7〜18mm, 花芽
　　は卵〜長卵形, 長さ18〜25mm, 長軟毛あり
用途：庭園・公園樹, 花材, 薬用
㋐白木蓮　㋓Yulan tree

モクレン　シモクレン　●モクレン科
Magnolia liliflora Desr.　P.45　P.63

　中国中部原産の落葉樹, 高さ5mになる
葉：倒卵〜広倒卵形, 長さ8〜18cm, 全縁, 互生
花：上向きに咲き暗紫色, やや筒状の鐘形, 花
　　弁6枚, 長さ約10cm, 5月に開花
果実：袋果で卵状楕円形, 長さ5〜8cm, 10月
　　頃紅色になって成熟し, 裂開する
冬芽：頂芽は紡錘形〜円筒形, 長さ7〜13mm,
　　花芽は長卵形で長さ15〜25mm, 長軟毛あり
用途：庭園・公園樹, 花材, 薬用
㋐木蓮　㋓Lily magnolia

ベニコブシ

シデコブシ　ヒメコブシ　●モクレン科
Magnolia stellata var. keiskei Makino　**P.45　P.63　P.79**

本州原産の落葉樹, 高さ5m, 庭に植えられる
葉：長楕円～広倒披針形, 長さ5～10cm, 全縁
花：白色で径7～10cm, 花弁12～18枚, 平開し, 後やや反曲する, 4～5月に開花, 淡紅色のものはベニコブシという
果実：長楕円形, 長さ3～7cm, 10月成熟
冬芽：円筒形, 長さ8～20mm, 花芽は長卵形, 長さ20～25mm, 長軟毛あり, 互生
用途：庭園・公園樹, 花材
㊈ 姫辛夷　㊇ Star magnolia

ユリノキ　ハンテンボク　●モクレン科
Liriodendron tulipifera Linn.　**P.48　P.63　P.81**

北アメリカ原産の落葉樹で, 高さ20～30m
葉：長さ・幅とも6～18cm, 先は浅く2裂, 左右に1～2対の浅い裂片, 形が半纏に似ている
花：淡黄緑色で径6～10cm, 6～7月に開花
果実：長さ約7cmの紡錘形, 10月に成熟, 黄緑色から灰褐色になる
冬芽：烏帽子状～アヒルの口ばし状で扁平, 頂芽は長さ10～15mm, 芽柄をもつ
用途：公園・街路樹, 建築・器具・楽器材など
㊇ Tulip tree, Yellow poplar

チョウセンゴミシ ●マツブサ科
Schisandra chinensis Baill. P.29 P.72 P.87

平地〜山地の林に生える，落葉つる性木本
葉：倒卵形〜楕円形，長さ3〜10cm，5〜10対の凸状波状鋸歯あり，互生または短枝に頂生
花：淡黄白色で径1cm，6〜7月に開花，雄花と雌花があるが，片方の花のみつくことが多く，雌雄異株のように思われている
果実：球形で径約7mm，9〜10月に赤熟
冬芽：長卵形〜卵形，長さ3〜6mm
分布：北海道，本州中部以北，サハリンなど
用途：果実を薬用，果実酒　㊒朝鮮五味子

雄花

雌花

マツブサ ●マツブサ科　*Schisandra repanda Radlk.* P.26 P.72 P.87

平地〜山地に生える，落葉つる性木本，他木にからみつく
葉：広楕円形，長さ4〜10cm，質やや厚く，3〜4対のごく低い凸状鋸歯がある，互生する
花：雌雄異株，花は柄の先に下垂する，黄緑白色で花径約1cm，7月に開花する
果実：球形で径8〜10mm，穂状につき10月に藍黒色に熟す
冬芽：長卵形，長さ4〜6mm
分布：日本，南朝鮮，本道では南部に自生する
用途：果実を薬用　㊒松房

雌花

オオバクロモジ ●クスノキ科　P.32 P.64 P.84

Lindera umbellata var. membranacea Moriyama

山中に生える落葉樹, 高さ3～5m
葉：長楕円形, 長さ8～12cm, 全縁, 基部くさび形, 側脈4～6対, 葉柄約1.5cm, 互生
花：雌雄異株, 淡黄緑色で径5～8mm, 5月開花
果実：球形で径約6mm, 10月に黒熟
冬芽：紡錘形, 頂芽は長さ13～17mm, 芽柄あり, 花芽は球形, 4～6mm
分布：北海道(南部), 本州
用途：庭園樹, つま楊子, 細工物
漢 大葉黒文字

雄　花

雌　花

イワガラミ ●ユキノシタ科

Schizophragma hydrangeoides Sieb. et Zucc.　P.26 P.75 P.90

山地の林中に生える, 落葉つる性木本, 他木にからみつく
葉：広卵形, 長さ5～12cm, 先はとがり基部は円形または心形, 鋭鋸歯縁, 葉柄3～11cm
花：多数の両性花と長さ2～3cmの白い1個のがく片がある装飾花をつける, 6～7月開花
果実：さく果は倒円錐形, 10稜あり, 長さ5mm, 10月頃成熟する
冬芽：卵形～円筒形, 長さ3～4mm, 対生
分布：日本, 朝鮮　用途：公園樹

ツルアジサイ　ゴトウヅル　●ユキノシタ科
Hydrangea petiolaris Sieb. et Zucc.　P.26　P.75　P.90

山中に生える落葉つる性木本，気根があり他の木や岩などにはい登る

葉：卵円形，長さ5〜10cm，細鋸歯縁，対生
花：径5mmの両性花多数と長さ約3cmの白いがく片が3〜4枚ある装飾花をつける，6〜7月開花，まれに装飾花だけのものもある
果実：さく果は球形，径3.5mm，9〜10月成熟
冬芽：長卵形で先はとがり，長さ5〜7mm
分布：日本，南千島，サハリンなど
用途：庭園樹，花材　㊌蔓紫陽花

ノリウツギ　サビタ　●ユキノシタ科
Hydrangea paniculata Sieb.　P.34　P.75　P.90

原野や山地に生える落葉樹，高さ5m

葉：広楕円形，長さ6〜14cm，縁に細い鋸歯
花：円錐花序に径約4mmの両性花多数と長さ約2cmの白いがく片がある装飾花をつける，7〜8月開花，ミナヅキは全部装飾花
果実：長楕円形，幅3mm，9〜10月成熟
冬芽：頂芽は円錐状球形，長さ4mm，通常対生
分布：日本，南千島，サハリン，中国
用途：庭園・公園樹，細工物，パイプ，製紙糊
㊌糊空木　㊥Panicle hydranger

ミナヅキ

エゾアジサイ ●ユキノシタ科
Hydrangea serrata var. megacarpa H. Ohba　P.34　P.75　P.90

山中のやや湿った所に生える落葉樹、高さ1m
葉：広楕円形〜卵状広楕円形、長さ10〜17㎝、
　　先はとがり、やや大きな鋸歯縁、葉柄2〜5㎝
花：大きな花序に多数の両性花と径約2㎝の
　　装飾花をつける、通常青紫色、6〜7月開花
果実：倒卵形、長さ5㎜、9〜10月成熟
冬芽：頂芽は裸芽で長卵形、長さ10〜15㎜、
　　　先はとがり、側芽は対生し長さ3〜10㎜
分布：北海道、本州北部
用途：庭園樹、花材　㊊蝦夷紫陽花

アジサイ ●ユキノシタ科
Hydrangea macrophylla Sar. f. macrophylla　P.34　P.75

ガクアジサイの両性花が装飾花になったも
ので、高さ1〜1.5m、庭などに植えられる
葉：倒卵形〜広楕円形、長さ10〜16㎝、先は
　　細くとがり、鋸歯縁、葉柄1〜4㎝
花：花序はほとんどが装飾花で、径10〜20
　　㎝、碧色から淡紅色、7〜8月に開花
冬芽：頂芽は裸出し、卵形で先はとがり、長さ
　　　10〜20㎜、側芽は長さ3〜13㎜、対生
用途：庭園・公園樹、花材
㊊紫陽花　㊥Japanese hydranger

ガクアジサイ　ガク　●ユキノシタ科　*Hydrangea macrophylla f. normalis Hara*　P.34

庭に植えられる落葉樹,高さ2m
葉：広楕円形,長さ6～15cm,先は急にとがり,鋸歯縁
花：径6～12cmの花序に両性花多数と装飾花をつける,淡青紫色～淡紅色で,7～8月に開花
果実：倒卵形,径3mm,9～10月成熟
冬芽：頂芽は長卵形,長さ10～20mm,側芽対生
分布：本州(太平洋岸),四国
用途：庭園・公園樹,花材
㊐萼紫陽花　㊇Hortensia hydranger

バイカウツギ　●ユキノシタ科
Philadelphus satsumi Sieb.　P.37　P.75

落葉樹で高さ3m,庭や公園に植えられる
葉：長楕円状卵形,長さ5～10cm,先はとがり,縁にまばらに突起状に鋸歯がある,対生
花：枝先に径2.5～4cmの白色の花を約10個つける,花弁4,6月開花,セイヨウバイカウツギは花が大型で着花数は少なく八重咲きもある
果実：倒卵状円錐形,長さ8mm,10月に成熟
冬芽：仮頂芽は2個あるが葉柄基部にかくれる
分布：本州,四国,九州
用途：庭園・公園樹　㊐梅花空木

セイヨウバイカウツギ(八重

ウツギ　ウノハナ　●ユキノシタ科
Deutzia crenata Sieb. et Zucc　P.37　P.75

　日当りのよい所に生える落葉樹，高さ3m
葉：卵形〜卵状披針形，長さ5〜11cm，先は
　　とがり浅い鋸歯縁，星状毛あり，対生する
花：円錐花序につき，白色で鐘形，径約1cm，
　　花弁は5枚，6〜7月に開花
果実：さく果は球形で先は少しくぼみ，径5mm，
　　9月に成熟する
冬芽：仮頂芽2個は長卵形，長さ3〜6mm
分布：日本，中国，本道では南部
用途：庭園・公園樹　㊈空木

コマガタケスグリ　●ユキノシタ科
Ribes japonicum Maxim.　P.53　P.68　P.82

　山中のやや湿った所に生える落葉樹，高さ2m
葉：幅7〜17cmで掌状に5中裂，基部は深心
　　形，二重鋸歯縁，両面に短毛，互生する
花：花序は長さ9〜30cm，軟毛密生，花弁5，
　　径8mm，黄緑色まれに淡紅黄色，がくは車形，
　　5〜6月に開花
果実：球形，径8mm，9〜10月に熟すと赤黒色
冬芽：卵形で先はとがり，長さ8〜15mm
分布：北海道（中空知以南），本州，四国
用途：果実は食用　㊈駒ガ岳酸塊

エゾスグリ ●ユキノシタ科
Ribes latifolium Janczewski　P.53　P.68　P.82

湿った沢沿いなどに生える落葉樹，高さ3m
葉：幅7〜15cmで浅く5つに裂け，基部は深心形，二重鋸歯縁，葉柄4〜6cm，互生する
花：総状花序，長さ3〜6.5cmで斜上または開出，花弁は5枚，紅紫色，径6mm，がくは鐘形，5〜6月に開花
果実：球形，径7mm，9〜10月に紅色に熟す
冬芽：長卵形〜長楕円形，長さ3〜7mm，互生
分布：北海道，南千島，サハリン
用途：果実は食用　㊥蝦夷酸塊

トカチスグリ　チシマスグリ　●ユキノシタ科　*Ribes triste Pallas*　P.53　P.68　P.82

湿った林内などに生える落葉樹，高さ0.5〜1mで，幹はややほふく性
葉：幅5〜10cmで3〜5裂し粗い鋸歯縁，葉柄は通常葉身より短い
花：総状花序は長さ3〜5cmで下垂，淡紫色または紫色で径5〜6mm，5月に開花，がくは車状
果実：球形で径6〜8mm，7〜8月に紅く熟す
冬芽：長卵形〜紡錘形，長さ5〜10mm，互生する
分布：北海道，本州（岩手・山梨県），サハリン，朝鮮北部
用途：果実を食用　㊥十勝酸塊

トガスグリ ●ユキノシタ科
Ribes sachalinense Nakai　P.53　P.68　P.82

　針葉樹林内に生える落葉樹，幹は地面をはう
葉：掌状に5〜7裂し，幅4〜11cm，基部は
　　深心形，二重鋸歯縁，葉柄4〜8cm，互生
花：総状花序は長さ6〜8cm，花弁5枚，径5
　　〜6mm，淡黄緑色まれに紫紅色をおびる，が
　　くは車形，5〜6月に開花
果実：球形，径約8mm，腺毛を密生，8月赤熟
冬芽：頂芽は長楕円形，長さ5〜12mm
分布：北海道，本州中部以北，四国（烏帽子山）
用途：果実は食用

クロミノハリスグリ ●ユキノシタ科
Ribes horridum Ruprecht　P.53　P.68　P.82

　針葉樹林下に生える落葉樹，幹はほふく性で
高さ約50cm，幹に短毛と褐色の刺を密生
葉：幅3.5〜6.5cmで5中裂し，欠刻状の鋸歯
　　縁，両面に刺毛あり，葉柄は長さ2.5〜4cm
花：総状花序は長さ約3cm，花弁5枚，径約6
　　mm，淡黄緑色でやや紫をおびる，6月に開花
果実：球形で径7mm，8〜9月黒熟，腺毛あり
冬芽：長卵形〜卵形で長さ2〜4mm，互生
分布：北海道，サハリン，朝鮮，シベリア東部，
　　本道では大雪山の周辺の林内に自生

フサスグリ　カーランツ　●ユキノシタ科　*Ribes rubrum Linn.*　P.53　P.68　P.82

ヨーロッパ西部原産の落葉樹，高さ1.5m．アカスグリ（R. sativum）は葉が小形で裏面は有毛
葉：円形で長さ4〜10cm，3〜5浅裂，基部心形，重鋸歯縁，互生
花：淡黄緑色，径6mm，がくは車形，5月開花
果実：球形で径8mm，8〜9月赤熟
冬芽：卵形〜長卵形で長さ3〜6mm，頂生側芽がある
用途：果実を生食，ジャムなど
㊂房酸塊　㊇Red currant

クロスグリ　クロフサスグリ　●ユキノシタ科　*Ribes nigrum Linn.*　P.53　P.68　P.82

ヨーロッパ西部原産の落葉樹，高さ2m．道内でもまれに植えられる
葉：円形で長さ5〜7.5cm，3〜5浅裂，裂片は三角形で先はとがる．ふぞろいな鋸歯縁で下面に小腺点がある．互生する
花：総状花序は下垂し，5〜10花つける．花は鐘状で淡緑紅色〜灰白色，径6〜8mm，5月に開花
果実：ほぼ球形で径8〜12mm，8〜9月に黒く熟す
冬芽：長卵形で長さ4〜8mm
用途：果実を生食，ジャムなど
㊇Black currant

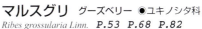

マルスグリ　グーズベリー　●ユキノシタ科
Ribes grossularia Linn.　P.53　P.68　P.82

　ヨーロッパ原産の落葉樹，高さ 2 m，枝に刺がある，庭などに植えられる
葉：円腎形で長さ約 2 cm，3～5 中裂，鈍鋸歯縁，両面軟短毛密生，互生
花：緑白色で径 6 mm，がく筒は広鐘形で軟毛と腺毛あり，5 月に開花する
果実：球形で径約 2 cm，8～9 月に黄緑色～赤褐色になり熟する
冬芽：長卵形で先はとがる，長さ 4～7 mm
用途：果実を食用　㊥ Gooseberry

マルバマンサク　●マンサク科
Hamamelis japonica var. *obtusata* Matsumura　P.35　P.63　P.85

　山地に生える落葉樹，高さ 5 m になる
葉：倒卵円状で先は円くなり，長さ 5～10 cm，基部広いくさび形，左右不同，波状鋸歯縁
花：花弁 4，線形で長さ約 15 mm，黄色，4 月開花
果実：さく果でやや楕円形，長さ約 1 cm，淡褐色の星状毛を密生，10 月頃熟し，2 裂する
冬芽：裸芽は長楕円形，長さ 6～9 mm，互生
分布：北海道（南部），本州（日本海側）
用途：庭園樹・花材　㊥ 丸葉満作

ヒュウガミズキ　イヨミズキ　●マンサク科
Corylopsis pauciflora Sieb. et Zucc.　P.36　P.64　P.85

庭や公園に植えられる落葉樹,高さ2～3m
葉：卵形～歪卵形,長さ3～5cm,側脈5～7
　　対ややとがった鋸歯縁,互生する
花：長さ約2cmの花穂を下垂し2～3花つけ
　　る,黄色で花弁の長さは約1cm,4～5月開花
果実：さく果で径約6mm,花柱が残り角状にな
　　る,10月に成熟,初め緑色のち淡褐色
冬芽：長卵形で先はとがり,長さ3～6mm
分布：本州(石川,福井,京都,兵庫県)
用途：庭園・公園樹,花材　㊅日向水木

トサミズキ　●マンサク科
Corylopsis spicata Sieb. et Zucc.　P.36　P.64　P.85

高知県の蛇紋岩地帯に生え,庭などに植えら
れる落葉樹,高さ2～3m
葉：卵円形～倒卵円形,長さ5～10cm,基部は
　　心形,波状鋸歯縁,多少左右不同,互生する
花：長さ3～4cmの穂状花序に,7～10花つける,
　　花弁の長さ約1cm,黄色～淡黄色,4～5月開花
果実：さく果は径8～10mm,花柱が残り角状
　　になる,10月に成熟,初め緑色のち淡褐色
冬芽：卵形で先はとがる,長さ7～11mm
用途：庭園・公園樹,花材　㊅土佐水木

モミジバスズカケノキ　プラタナス　●スズカケノキ科
Platanus × acerifolia Willd.　**P.48　P.70**

　スズカケノキとアメリカスズカケノキの雑種といわれ，落葉樹で高さ30mにもなる
葉：長さ10〜18cm，幅12〜22cmで掌状に5〜7に中裂し，裂片はふぞろいな鋸歯あり
花：花序は球状で1〜2個，雄花序は黄緑色で径約1cm，雌花序は紅色で径約2cm，5〜6月開花
果実：集合果で長柄に下垂し，球形で径約4cm，10月頃成熟し黄褐色，落葉後も枝に残る
冬芽：円錐状卵形，長さ5〜8mm，互生
用途：公園・街路樹　　㊄ London plane

雄花　　雌花

コゴメウツギ　●バラ科
Stephanandra incisa Zabel　**P.54　P.67**

　日高地方の山地に生える落葉樹，高さ1.5m
葉：卵形で先は長くとがる，長さ3〜7cm，縁はやや羽状に裂け鋸歯がある，互生する
花：円錐または散房花序で，花弁は白色で5枚，花径は約4mm，5〜6月に開花
果実：袋果は球形，径3mm，9〜10月に成熟
冬芽：卵形で先はとがり，長さ2〜4mm，枝の先端部は細く枯れて残る
分布：日本，朝鮮，本道では日高地方に自生
用途：庭園・公園樹　　㊈ 小米空木

エゾノシロバナシモツケ ◉バラ科

Spiraea miyabei Koidz. P.38 P.67

山地の岩場や急斜面に生える落葉樹，高さ1m，蛇紋岩や石灰岩にも生育

葉：卵形～狭卵形，長さ4～8cm，先はとがり，基部は円いか広いくさび形，二重鋸歯縁

花：径約5cmの複散房花序に多数の白い花をつける，花径約6mm，花弁5枚，6～7月開花

果実：袋果は5個，長さ2mm，9月成熟

冬芽：紡錘形～長卵形で長さ3～5mm，互生

分布：北海道，本州(岩手県)，朝鮮

㊥ 蝦夷の白花下野

エゾシモツケ ◉バラ科

Spiraea media var. sericea Regel P.38 P.67 P.90

日当りのよい岩場や高山などに生える落葉樹，高さ1～2m，下からよく分枝する

葉：長楕円形，先に小数の鋭鋸歯あり，基部広いくさび形，長さ2～4cm，両面に毛がある

花：散形花序に，白色で径5～7mmの花を多数つける，花弁5枚，6～7月開花

果実：袋果は長さ3mmで毛を散生，9月成熟

冬芽：卵状球形～卵形で長さ1～2mm，互生

分布：北海道，本州北部，千島，サハリンなど

用途：庭園樹 ㊥ 蝦夷下野

マルバシモツケ ●バラ科
Spiraea betulifolia Pall.　P.38　P.67　P.90

　日当りのよい高山や山地の岩場などに生える落葉樹，高さ0.5～1m，よく分枝する
葉：倒卵形～広卵形で先は円い，下部は全縁，
　　それより先は鈍鋸歯縁，長さ1.5～5.5cm
花：複散房花序に，径約7mmの白色の花を多数
　　つける，花弁は5枚，6～7月開花
果実：袋果は5個，長さ4mm，9月に成熟
冬芽：卵形～長卵形で長さ2～4mm，互生
分布：北海道，本州中部以北，千島など
用途：庭園樹　㊉丸葉下野

エゾノマルバシモツケ ●バラ科
Spiraea betulifolia var. aemiliana Koidz.　P.38　P.67

　マルバシモツケの変種で樹高や葉が小さく，亜高山帯の岩れき地に生える落葉樹，高さ30cm
葉：広卵形で先は円く，長さ15～25mm
花：白色で径6mm，複散房花序に多数集まってつく，7月開花
果実：袋果は5個，長さ3～4mm，9月成熟
冬芽：球形～卵形で長さ1～2mm，互生
分布：北海道，千島，サハリンなど

アイズシモツケ ●バラ科
Spiraea chamaedryfolia var. pilosa Hara　P.37

　山地に生え蛇紋岩にも育つ落葉樹，高さ2m
葉：卵形で長さ3～5cm，二重鋸歯縁，互生
花：白色で径1cm，花弁5枚，5～6月に開花
果実：袋果は長さ3mm，短毛密生，9月に成熟
冬芽：卵形～球状卵形，長さ約2mm
分布：北海道，本州中部以北，朝鮮など，道内では南部に自生するといわれる

㊉会津下野

シモツケ ●バラ科
Spiraea japonica Linn.　P.38　P.67

日当りのよい草原に生える落葉樹，高さ1m
葉：披針形〜卵形，長さ2.5〜9cm，先はとがり，二重鋸歯縁，互生する
花：複散房花序に多数の花をつける，花は紅色〜淡紅色，花弁5枚，6〜8月に開花
果実：袋果は5個，長さ約2mm，9月に成熟
冬芽：長卵形で先はとがり，長さ2〜3mm
分布：日本，朝鮮，中国，本道では南部
用途：庭園・公園樹

㋐下野　㋓Japanese spiraea

ホザキシモツケ ●バラ科　*Spiraea salicifolia* Linn.　P.38　P.67　P.90

日当りのよい湿原周辺に生える落葉樹，高さ1〜2m
葉：披針形で長さ6〜10cm，幅1〜3cm，鋭鋸歯縁，互生する
花：円錐花序に径約6mmの花を多数つける，花弁5，淡紅色，7〜8月開花
果実：袋果で5個あり，長さ3.5mm，9月に成熟する
冬芽：長卵形で長さ2〜3mm
分布：北海道，本州中部以北，アジア〜ヨーロッパ
用途：庭園・公園樹，花材

㋐穂咲下野

コデマリ ●バラ科
Spiraea cantoniensis Lour. **P.38 P.67**

　中国中部原産の落葉樹，高さ2m，幹は叢生する．庭や公園に植えられる
葉：菱状披針形〜菱状長楕円形，長さ2.5〜4cm，中部以上のふちに鈍鋸歯あり，互生
花：径3cm内外の散房花序に径約1cmの花を20個つける．花弁5枚で白色，6月に開花
果実：袋果で長さ2mm，10月に成熟する
冬芽：卵形で先はとがる，長さ約2mm
用途：庭園・公園樹，花材
㊥ 小手毬　㊥ Reeves spiraea

ユキヤナギ　コゴメバナ ●バラ科
Spiraea thunbergii Sieb. **P.38 P.67**

　庭や公園に植えられる落葉樹，高さ2m
葉：狭披針形，長さ2〜4.5cm，先はとがり基部はくさび形，鋭鋸歯縁，互生する
花：散形花序に径6〜8mmの花を2〜7個つける．花弁は5枚で白色，5月に開花
果実：袋果で長さ3mm，開出する，10月成熟
冬芽：卵形〜長卵形で長さ2〜4mm
分布：本州（関東以西），四国，九州，中国
用途：庭園・公園樹，花材
㊥ 雪柳　㊥ Thunberg spiraea

キバノコデマリ　キバコデマリ　●バラ科
Physocarpus opulifolius f. luteus Zabel　**P.37**　**P.67**　**P.90**

北アメリカ原産の落葉樹，高さ2～3 m
葉：円形～卵円形，長さ2～7 cm，通常3～5浅裂し鋸歯あり，先はとがる，芽吹きは黄色でのち黄緑色，母種アメリカシモツケは緑葉
花：散房花序で長さ3～5 cm，径約1 cmの花を多数つけ，花弁は5枚で白色～黄白色，6～7月に開花
果実：略球形で先はとがり長さ7 mm，10月成熟
冬芽：紡錘形で長さ3～6 mm，互生する
用途：庭園・公園樹　㊥ Golden ninebark

ホザキナナカマド　●バラ科
Sorbaria sorbifolia var. stellipila Maxim.　**P.56**　**P.64**　**P.90**

山地に生え蛇紋岩にも育つ落葉樹，高さ3 m
葉：奇数羽状複葉，長さ20～30 cm，小葉は6～11対，披針形で基部は円く柄はない，二重鋸歯縁，葉柄は長さ2～8 cm，互生する
花：円錐花序に径5～6 mmの白い花を多数つける，花弁5，7～8月に開花
果実：長さ3 mmで毛を密生，9月頃成熟
冬芽：卵形で長さ5～9 mm，互生する
分布：北海道，本州中部以北，朝鮮，中国など
用途：公園樹　㊤ 穂咲七竈

シロヤマブキ ●バラ科
Rhodotypos scandens Makino　P.37　P.66　P.83

　庭などに植えられる落葉樹,高さ2mになる
葉:卵形で先は鋭くとがり,基部は心形または
　円形,ふちに鋸歯があり,長さ5.5〜10㎝
花:枝先につき,白色で径3〜4㎝,花弁4枚,
　5〜6月に開花する
果実:楕円形で長さ7㎜,黒熟し光沢がある,
　9〜10月に成熟する
冬芽:卵形,先はとがり長さ3〜5㎜,対生
分布:本州(中国地方),中国,朝鮮
用途:庭園・公園樹,花材　漢 白山吹

ヤマブキ ●バラ科
Kerria japonica DC.　P.38　P.66

　高さ2mの落葉樹,山中の小川沿いに生え,
庭や公園にも植えられる
葉:卵形で先は尾状にとがり,二重鋸歯縁,基
　部は円形または心形,長さ3.5〜10㎝,互生
花:5〜6月に開花,黄色で径3〜5㎝,花弁5枚
果実:広楕円形で長さ4㎜,10月に成熟,暗褐色
冬芽:長卵形で先はとがる,長さ4〜7㎜
分布:日本,中国,本道では南部に自生すると
　いわれている
用途:庭園・公園樹,花材　漢 山吹

ヤエヤマブキ ●バラ科
Kerria japonica f. plena C. K. Schn.

　ヤマブキの八重咲きの品種で，高さ2mの落葉樹，庭や公園に植えられる
葉：卵形で先は尾状にとがり，二重鋸歯縁，基部は円形または心形，長さ3.5〜10cm，互生
花：5〜6月開花，黄色〜橙黄色で径3〜4cm
冬芽：長卵形で先はとがる，長さ4〜7mm
用途：庭園・公園樹，花材　㊂八重山吹

ヒメゴヨウイチゴ　トゲナシゴヨウイチゴ ●バラ科
Rubus pseudo-japonicus Koidz.　P.51　P.69

　深山の樹林下に生える落葉小低木，茎は地はい，花茎は立ち高さ10〜30cm，刺はなし
葉：掌状複葉で幅4〜10cm，小葉5，二重鋸歯
花：白色で径2cm，花弁5〜7，5〜7月開花
果実：球形で径8〜10mm，8〜9月赤熟する
冬芽：紡錘形で長さ2〜3mm，互生する
分布：北海道，本州中部以北　㊂姫五葉苺

クマイチゴ ●バラ科　*Rubus crataegifolius Bunge*　P.51　P.69　P.85

　山地の道端や草地に生える落葉樹，高さ2m，幹に扁平な刺あり
葉：幅4〜14cmの心形で3〜5尖中裂し，二重鋸歯縁，下面脈上や葉柄に刺がある，互生する
花：白色で花弁5，平に開き径2.5〜3.5cm，5〜6月に開花，数個集まって咲く
果実：球形で径1〜1.5cm，8〜9月頃赤く熟す
冬芽：卵形で長さ3〜6mm
分布：日本，朝鮮，中国
用途：果実を生食，ジャムなど
㊂熊苺

ナワシロイチゴ ●バラ科
Rubus parvifolius Linn. *P.51 P.69 P.84*

　山地や原野の日当りのよい所に生える落葉樹，茎はつる状，基部が扁平な小刺がある
葉：頭大3出複葉まれに5，長さ5〜15cm，小
　　葉の先は円く二重鋸歯縁，裏は綿毛あり雪白色
花：紅紫色で径2cm，花弁5枚，5〜6月開花
果実：球形で径12〜20mm，8月に赤熟する
冬芽：卵形で先はとがり，長さ3〜5mm，互生
分布：日本，沖縄，朝鮮，中国
用途：果実を生食，ジャム，シロップなど
㋐苗代苺

エビガライチゴ　ウラジロイチゴ ●バラ科
Rubus phoenicolasius Maxim. *P.51 P.69 P.84*

　山野の荒れ地などに生える落葉樹，高さ1.5m，全体に紫褐色の腺毛を密生，まばらに刺あり
葉：頭大3出複葉で長さ7〜20cm，小葉は卵
　　形，先はとがり二重鋸歯縁，裏面は雪白色
花：白色で径約2cm，花弁5枚，6〜7月開花
果実：球形で径1.5〜2cm，8月に赤熟する
冬芽：卵形で先はとがり，長さ3〜6mm，互生
分布：日本，朝鮮，中国
用途：果実を生食，ジャム，シロップなど
㋐海老殻苺

エゾイチゴ　カラフトイチゴ　●バラ科
Rubus idaeus var. aculeatissimus C. A. Meyer　P.51 P.69 P.85

　山地の道端などに生える落葉樹，高さ1m，幹には細い刺が多く，上部に腺毛と軟毛あり
葉：頭大奇数羽状複葉で長さ6〜17cm，小葉3〜5，裏は雪白色，裏が緑色で白軟毛がないものはカナヤマイチゴ（var. concolor）
花：白色で径約1.5cm，花弁5，6〜7月開花
果実：球形で径10〜15mm，8〜9月に赤熟
冬芽：長卵形，長さ3〜5mm，互生
分布：北海道，本州中部以北，サハリンなど
用途：果実を生食，ジャムなど　㊥蝦夷苺

クロイチゴ　●バラ科
Rubus mesogaeus Focke　P.51 P.69 P.85

　山林内に生える落葉樹，高さ1〜2m，茎はつる状に長く伸び，小さい刺がある
葉：頭大3出複葉で長さ8〜25cm，裏は綿毛があり雪白色で脈に小刺あり，小葉は二重鋸歯縁
花：淡紅色で径約1.5cm，花弁は5，6月開花
果実：径1cmの球形，8月成熟，赤色のち黒色
冬芽：長楕円形で，長さ3〜9mm，互生する
分布：日本，中国，台湾
用途：果実を生食，ジャムなど　㊥黒苺

ベニバナイチゴ ●バラ科
Rubus vernus Focke　P.51　P.69

亜高山の水分の多い所に生える落葉樹，高さ1m，幹や枝，葉に刺はない
葉：頭大3出複葉で長さ7〜17cm，頂小葉は菱状卵形で長さ4〜6cm，二重鋸歯縁
花：枝先につき，紅紫色で径2〜3cm，花弁5枚，6〜7月に開花
果実：卵球形で径約2cm，8〜9月に赤熟する
冬芽：長卵形〜卵形で長さ4〜8mm，互生
分布：北海道(西部)，本州(中部以北)
用途：果実を食用　㊈紅花苺

モミジイチゴ　キイチゴ　●バラ科
Rubus palmatus var. *coptophyllus* Koidz.　P.51　P.69

日当りのよい荒れ地や道端に生える落葉樹，高さ1〜1.5m，若枝に刺がやや多い
葉：卵形〜広卵形でやや掌状に3〜5裂，先はとがり，二重鋸歯縁，裏面主脈上に小刺あり
花：白色で径2.5〜3cm，花弁5枚，5月開花
果実：球形で径15mm，橙黄色，道内ではまれ
冬芽：紡錘形で，長さ5〜10mm，互生
分布：北海道，本州(中部以北)，道内では南部にまれに自生する
用途：果実を生食，ジャムなど　㊈紅葉苺

クロミキイチゴ　ブラックラズベリー　●バラ科
Rubus occidentalis L.　**P.51　P.69　P.85**

　北アメリカ原産の落葉樹，高さ1.5m，時に野生化，茎は良く伸長し伏生状，枝に直刺がある
葉：3〜5出葉で長さ10〜25cm，小葉は卵形で重鋸歯縁，下面に白軟毛，葉柄に刺毛あり
花：小形房状の花序に径2.5〜3.5cmの白色の花をつける，花弁5枚，6〜8月に開花
果実：球形で径15〜20mm，8〜9月に黒熟
冬芽：長卵形〜紡錘形で長さ5〜10mm，互生
用途：果実を食用，ジャムなど
㊇ Black raspberry

ノイバラ　ノバラ　●バラ科
Rosa multiflora Thunb.　**P.57　P.69　P.84**

　山野の川岸などに生える落葉樹，高さ2m，ややつる状，枝に刺状突起がある
葉：奇数羽状複葉で長さ8〜12cm，小葉は7〜9，倒卵形長さ2〜5cm，鋸歯縁
花：白色で径約2cm，花弁5枚，7〜8月開花
果実：球形で径6〜9mm，10月頃赤熟する
冬芽：いぼ状〜三角状，長さ2.5mm，互生する
分布：日本，中国，台湾，朝鮮，本道では南部
用途：公園樹，花材，接木の台木，果実を薬用
㊈ 野薔薇

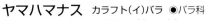

ヤマハマナス　カラフト(イ)バラ　●バラ科
Rosa davurica Pallas　P.57　P.69　P.84

　　山地に生える落葉樹, 高さ1.5m, 幹に刺あり
葉：羽状複葉で長さ6〜12cm, 小葉は7〜9
　　で長楕円形, 長さ2〜5cm, 鋭鋸歯縁, 互生
花：枝先に紅色の花を1〜4個つける, 花冠は
　　径3〜5cm, 花弁は5枚, 6〜7月に開花
果実：球形で径1〜1.5cm, 9月頃に赤く熟す
冬芽：長卵形で先はとがり, 長さ2〜5mm
分布：北海道, 本州(長野県), 南千島, サハリン
　　など, 道内では道東に多い
用途：果実を食用　㊉山浜梨

オオタカネバラ　●バラ科
Rosa acicularis Lindl.　P.57　P.69　P.84

　　高山や北地に生え, 蛇紋岩にも育つ落葉樹,
高さ1m, 幹枝に刺がある
葉：羽状複葉で長さ6〜15cm, 小葉は5〜7,
　　長楕円形で刺状鋸歯縁, 長さ1.5〜3cm, 互生
花：枝先に1個つき, 花冠は淡紅色〜紅色で径
　　4〜5.5cm, 6〜7月に開花
果実：紡錘形で長さ2〜3cm, 9月頃に赤熟
冬芽：卵形〜球形で長さ2〜4mm
分布：北海道, 本州中部以北, アジア東北部
用途：果実を食用　㊉大高嶺薔薇

ハマナス　ハマナシ　●バラ科
Rosa rugosa Thunb.　P.57　P.69　P.84

　海岸の砂地に生える落葉樹，高さ0.5～1.5m，幹は叢生してよく分枝し，刺を密生
葉：羽状複葉で長さ8～12cm，小葉7～9，倒卵状楕円形で鈍鋸歯縁，脈に沿ってくぼむ
花：枝先に1～3個つけ，花は紅色で径5～8cm，花弁は5，芳香があり，6～8月開花
果実：扁球形で径2～3cm，8～9月に赤熟
冬芽：球形で先は円く，長さ3～4mm，互生
分布：北海道，本州(太平洋側は茨城県，日本海側は島根県まで)，千島，サハリンなど
用途：公園樹，花材，果実をジャムなどに加工
㈱浜梨　㈱Japanese rose, Hamanasu rose
品種：シロバナハマナス(f. alba)，ヤエハマナス(f. plena)，シロバナヤエハマナス(f. alboplena)がある．ヤエハマナスは高さ3m，花は重弁の濃紅色で香りも強い．茎の刺はやや少なく，つぼみを薬用にする．中国に自生
雑種：コハマナスはハマナスとノイバラの自然雑種で，ハマナスよりも花は小形で刺は大形

ヤエハマナス

コハマナス

シロバナヤエハマナス　シロバナハマナス

ルブリフォリアバラ　ロサグラウカ　●バラ科
Rosa rubrifolia Vill. (*R. glauca* Pourr.)　P.57　P.69　P.84

　ヨーロッパ中南部原産の落葉樹, 高さ2～3m, 枝は鮮紅色～帯紫色, 刺は大小不同だが少ない
葉：羽状複葉で長さ6～15cm, 小葉は7～9, 帯紅色か帯緑色で楕円形, 鋸歯縁
花：散房花序に花をつけ, 花冠は径4～5cm, 紫紅色または鮮紅色で基部が淡色か白くなる, 6月に開花
果実：径12～18mmの球形, 9月頃に赤熟する
冬芽：円錐形～卵形で長さ1.5～3mm, 互生
用途：庭園・公園樹

チョウノスケソウ　●バラ科
Dryas octopetala var. *asiatica* Nakai　P.44　P.90

　高山帯に生える小低木で, 茎は地面をはう
葉：卵状楕円形で長さ2cm, 裏面に白綿毛あり
花：白色で径2～3cm, 花弁8～9枚, 6～7月開花
果実：痩果で長さ約3mm, 花柱は3cmに伸びて羽毛状になる, 8～9月に成熟
分布：北海道, 本州中部以北, アジア東北部
用途：庭園樹, 鉢物　㊌長之助草

チングルマ　●バラ科
Geum pentapetalum Makino　P.44　P.90

　高山帯に生える落葉小低木, 高さ10～15cm
葉：奇数羽状複葉, 長さ3～5cm, 小葉は5～11, 光沢があり, 鋭鋸歯縁
花：帯黄白色で径3cm, 花弁5, 6～8月開花
果実：痩果は2mm, 花柱は約3cmに伸びて羽毛状になる, 8～9月に成熟
分布：北海道, 本州中部以北, サハリンなど
用途：鉢物　㊌稚児車

キンロバイ　キンロウバイ　●バラ科
Potentilla fruticosa Linn.　**P.44　P.71　P.90**

高山の岩場などに生える落葉低木、高さ1m
葉：奇数羽状複葉、長さ15～35㎜、小葉は5まれに3、倒卵状長楕円形または楕円形、白絹毛が多い、互生する
花：黄色で径2～2.5㎝、花弁5枚、6～8月に開花
果実：卵形、長さ1.5㎜、淡褐色毛を密生
分布：北海道、本州中部以北、千島、サハリン、朝鮮、中国など
用途：庭園樹　㊦金露梅

ギンロバイ　●バラ科
Potentilla fruticosa var. mandshurica Maxim.

キンロバイの変種で、高さ0.7mほどの落葉樹、高山に生える
葉：奇数羽状複葉、長さ15～35㎜、小葉は5まれに3、白絹毛が多い、互生する
花：白色で径2㎝、花弁は5、6～8月に開花
分布：本州、四国、中国東北部
用途：庭園樹
㊦銀露梅

アンズ　●バラ科　P.30　P.65
Prunus armeniaca Linn.（*Armeniaca vulgaris Lamarck*）

中国北部原産の落葉樹、高さ10m
葉：広卵形、長さ5～12㎝、不整細鋸歯縁
花：淡紅色で径3㎝内外、花弁は5、5月開花
果実：球形で径約3㎝、表面に細毛、8月頃熟する
冬芽：卵形で先はとがり、長さ2～4㎜、互
用途：庭園樹、花材、果実を食用、ジャムなど
㊦杏　㊥Apricot

スモモ　●バラ科
Prunus salicina Lindl.　**P.30　P.65　P.80**

中国原産の落葉樹, 高さ10m, 栽培される
葉：倒卵状披針形で長さ5〜10cm, 二重細鋸歯縁, 葉柄上部か葉身の基部に腺点あり
花：白色で径1.5〜2cm, 5弁, 5月に開花
果実：球形〜卵球形で径3〜5cm, 紫赤色〜黄色で, 無毛, 一側に溝があり, 9月頃成熟
冬芽：三角状広卵形で先はとがり, 長さ2〜3mm, 花芽はほぼ球形, 互生
用途：庭園樹, 果実を食用, 果実酒など
㊎李　㊀Japanese plum

ベニスモモ　ベニバスモモ　●バラ科
Prunus cerasifera var. *atropurpurea* Dipp.　**P.30　P.65**

西南アジア原産の落葉樹, 高さ8m
葉：長楕円状披針形〜長楕円状倒卵形で長さ7〜10cm, 先はとがり鈍鋸歯縁, 葉色は紫紅色
花：5弁で淡紅色〜帯紅白色, 径約2.5cm, 1〜3花着生し, 5月に開花
果実：扁球形で径25〜50mm, 斑点が多い, 暗紅色〜紫紅色, 8〜9月に成熟
冬芽：卵形で先はとがり, 長さ2〜3mm, 互生
用途：庭園樹, 果実は食用
㊎紅李　㊀Purple-leaved plum

ユスラウメ　●バラ科　*Prunus tomentosa* Thunb. (*Cerasus tomentosa* Wallich)　P.37 P.65 P.83

中国北部原産の落葉樹，高さ2～3m，叢生する
葉：倒卵形で不規則な細鋸歯縁，長さ4～7cm，葉脈はくぼむ，有毛
花：白～淡紅色で径1.5～2cm，花弁5，5月に開花
果実：径約1cmの球形で，7～8月に紅熟する
冬芽：紡錘形～披針形で先はとがり，長さ2～4mm，互生
用途：庭園・公園樹，果実を食用
漢 英桃，桜桃

ニワウメ　●バラ科　*Prunus japonica* Thunb. (*Cerasus japonica* Loisel)　P.38 P.65 P.83

中国北部原産の落葉樹，高さ1～1.5m，庭などに植えられる
葉：卵形～卵状披針形で長さ4～6cm，先はとがり，基部は円く，時に浅く心形，二重鋸歯縁
花：径約1.5cmで淡紅色または白色，花弁は5，5月に葉よりも先かまたは同時に開花する
果実：ほぼ球形で径1cm，基部はへこみ暗紫赤色，7～8月に成熟
冬芽：卵形で先はとがり，長さ約1mm，互生する
用途：庭園樹，花材，果実を食用
漢 庭梅

ニワザクラ ●バラ科 *Prunus glandulosa var. albi-plena* Koehne（*Cerasus glandulosa* Loisel） P.38 P.65

高さ1.5m内外の落葉樹，母種ヒトエノニワザクラは中国中部に自生
葉：長楕円形〜楕円状披針形で先はとがる，鈍細鋸歯縁，裏面の脈上に毛あり，長さ5〜9cm
花：白色または淡紅色で径約1.5cm，花弁は多数で5月に開花
果実：ヒトエノニワザクラの果実は扁球形で径10mm，7〜8月に暗紅紫色に熟す
冬芽：卵形で長さ1〜2mm，互生
用途：庭園樹，花材　㊢庭桜

↑エノニワザクラの果実

オヒョウモモ ●バラ科
Prunus triloba Lindl.（*Amygdalus triloba* Ricker.） P.37 P.66

中国北部原産の落葉樹，高さ2m，幹は下から叢生する，庭などに植えられる
葉：広卵形〜広楕円形で先はとがる，重鋸歯縁，長さ4〜7cm，互生する
花：濃紅〜白色で通常八重咲き，径2.5〜3.5cm，5月に開花する
果実：球形で径約1cm，初め表面に毛があるがのち無毛，7〜8月に紅黄色に熟す
冬芽：卵形で長さ2〜4mm
用途：庭園樹，花材　㊓Flowering plum

モモ ●バラ科　P.30 P.65 P.79
Prunus persica Batsch. (Amygdalus persica Linnaeus)

中国北部原産の落葉樹，高さ5〜8m
- 葉：楕円状披針形で長さ8〜15cm，鋸歯縁
- 花：花弁は通常5，10以上の重弁もある．花色は淡紅色，白色，紅色などがある．5月開花
- 果実：球形〜卵円形で先が短くとがり毛がある．径5〜7cm，8〜9月に熟し黄白色〜紅色．ネクタリン（var. nectarina）は表面無毛
- 冬芽：長卵形で長さ3〜4mm，互生
- 用途：庭園樹，花材，果実を食用
- 㱃桃　㊍Peach tree

ネクタリン

ブンゴウメ ●バラ科　P.30 P.65 P.79
Prunus mume var. bungo Makino (Armeniaca mume var. bungo)

高さ5〜8mの落葉樹，栽培される．ウメとアンズの中間種ともいわれている
- 葉：倒卵形〜楕円形で先はとがる．二重鋸歯縁，長さ5〜10cm，互生
- 花：径2.5〜4cmで淡紅色，花弁5．5月開花
- 果実：径3〜5cmの球形または広楕円形，表面に密毛があり，8月頃熟し，黄緑色になる
- 冬芽：卵形で先はややとがる，長さ3mm
- 用途：庭園樹，果実を利用
- 㱃豊後梅　㊍Japanese apricot

コウバイ ●バラ科
Prunus mume var. purpurea（*Armeniaca mume var. purpurea*） P.30

　高さ3〜7mの落葉樹で，庭などに栽培される．ウメの変種
葉：卵形〜楕円形で先はとがる．二重鋸歯縁．長さ5〜10cm．互生
花：径3〜4cmで紅色〜淡紅色．花弁5. 5月に開花する
果実：径3〜5cmの球形または広楕円形．表面に密毛があり，8月に熟し，黄緑色になる
用途：庭園樹，果実を利用
㊂ 紅梅

セイヨウミザクラ　サクランボ ●バラ科 P.30 P.65 P.83
Prunus avium Linn.（*Cerasus avium Moench*）

　西アジア原産の落葉樹．高さ10〜20mになる．果樹として栽培され，庭にも植えられる
葉：倒卵状長楕円形で長さ6〜12cm．鈍鋸歯縁．腺点は葉柄上部または葉身基部
花：白色で径2〜3cm．花弁5. 5月に開花
果実：径1.5〜2.5cmの球形で7月に黄赤色または紫黒色に熟す
冬芽：卵形〜長卵形で長さ4〜7mm．互生
用途：果実を食用，ジャム，果実酒など
㊂ Wild cherry, Mazzard

ミネザクラ　タカネザクラ　●バラ科　P.31 P.65

Prunus nipponica Matsum. (*Cerasus nipponica* H. Ohle ex H. Ohba)

山地〜亜高山に生える落葉樹，高さ5m
葉：倒卵形で長さ4〜8cm，先は尾状にとがり
　　二重鋸歯縁，腺点は葉柄上部，葉柄は無毛
花：淡紅色で径2〜3cm，花弁は5，5〜7月
　　に葉と同時に開花，花柄1〜3cmで無毛
果実：球形で径7mm，6〜8月紫黒色に熟す
冬芽：卵形で先はやや円く，長さ5mm，互生
分布：北海道，本州（中部以北）
用途：庭園・公園樹
㊝ 嶺桜　㊊ Japanese alpine cherry

チシマザクラ　エトロフザクラ　●バラ科　P.31 P.65 P.83

Prunus nipponica var. *kurilensis* Wilson (*Cerasus nipponica* var. *kurilensis* H. Ohba)

山地〜亜高山に生える落葉樹，高さ3〜5m，
ミネザクラの変種で葉柄，花柄などに毛がある
葉：倒卵形で長さ3〜8cm，二重鋸歯縁，初め
　　両面に短毛を密生，のち下面脈沿いに残る
花：淡紅色〜白色で径2〜2.5cm，花柄に毛が
　　ある，5〜7月に葉と同時に開花する
果実：径7mmの球形，6〜8月紫黒色に熟す
冬芽：長卵形で長さ4〜6mm，互生
分布：北海道，本州中部以北，千島，サハリン
用途：庭園・公園樹，盆栽　㊝ 千島桜

エゾヤマザクラ　オオヤマザクラ　●バラ科　P.31 P.65 P.83
Prunus sargentii Rehder (*Cerasus sargentii* H. Ohba)

山地に生える落葉樹．高さ20m，太さ50〜80cm．本道の代表的なサクラで，広く植栽される．
葉：楕円形〜倒卵状楕円形で長さ8〜15cm．先は尾状にとがり鋭鋸歯縁．腺点は葉柄上部
花：淡紅色で径2.5〜4cm．花弁5．5月葉と同時に開花．花柄は赤色無毛．長さ1〜2.5cm
果実：球形で径5〜7mm．6〜7月に紫黒色に熟す
冬芽：卵形〜長卵形で先はとがる．長さ5〜7mm．花芽はやや円みがある．互生する
樹皮：暗褐色で皮目が横に並ぶ
分布：北海道，本州中部以北，千島，サハリン，朝鮮
用途：庭園・公園・街路樹，家具，彫刻材など
㊥ 蝦夷山桜　　㊋ Sargent cherry
類似種：カスミザクラは葉裏や葉柄・花柄などが有毛．開花はエゾヤマザクラより1〜2週間ほど遅く，花柄が途中で分岐する（エゾヤマザクラでは分岐しない）．葉は初めから緑色

カスミザクラ　ケヤマザクラ　●バラ科　P.31 P.65 P.83
Prunus verecunda Koehne (*Cerasus verecunda* H. Ohba)

山地の斜面に生える落葉樹，高さ15m
葉：倒卵状楕円形で長さ7～12cm，先は尾状にとがり鋭鋸歯縁，腺点は葉柄の上部，互生する
花：淡紅色～白色で径2.5～3.5cm，5月下旬葉と同時に開花，長さ1～15mmの総柄がある
果実：径5～7mmの球形，7月紫黒色に熟す
冬芽：長卵形で先はとがり，長さ5～7mm
分布：日本，朝鮮
用途：花材，彫刻材，公園樹など　㊂霞桜

ミヤマザクラ　シロザクラ　●バラ科　P.31 P.65 P.83
Prunus maximowiczii Rupr. (*Cerasus maximowiczii* Komarov)

山地に生える落葉樹，高さ15m
葉：倒卵状楕円形で長さ5～7cm，先は尾状にとがり二重鋸歯縁，腺点は基部近くにある，互生
花：総状花序まれに散形花序に径2～2.5cmの白色の花を3～10個つける，花弁は5，5～6月に葉よりやや遅れて咲く
果実：径5～7mmの球形，7～8月に紅紫色に熟す
冬芽：長楕円形で長さ3～5mm
分布：日本，南千島，サハリン，朝鮮，中国東北部
用途：公園・街路樹　㊂深山桜

サトザクラ　ヤエザクラ　●バラ科　P.31 P.65
Prunus lannesiana Wilson (*Cerasus lannesiana* Carriere)

　高さ10〜15mの落葉樹．古くから品種改良され，栽培されてきた多くの園芸品種の総称で，現在300種以上ある．通称・八重桜と呼ばれるものは分類上これにはいる

葉：倒卵形，長さ5〜15cm，鋸歯縁，互生
花：紅色，淡紅色〜白色，緑黄色などがある．花弁は5弁．半八重咲き，八重咲き，菊咲きがある．5月開花
果実：まれに結実．紫黒色で球形
用途：庭園・公園・街路樹，花材など　㊋里桜

サトザクラの関山

サトザクラの鬱金(左)と普賢象

サトザクラの松月

シダレザクラ　●バラ科　P.30 P.65
Prunus itosakura Sieb. (*P.pendula* Maxim., *Cerasus spachiana* 'Itosakura' Siebold)

　エドヒガンから出た園芸種で，高さ10〜20m，枝は長く垂れる．八重咲きなどの変種がある

葉：狭楕円形で先はとがり，鋭鋸歯縁で長さ7〜9cm．腺点は葉身の基部．互生する
花：白色〜淡紅色で径約2.5cm，花弁は通常5．先は2裂．八重咲きもある．5月に開花
果実：球形で径6〜8mm，6月に成熟し，紫黒色になるが，結実量は少ない
冬芽：紡錘形〜長卵形で長さ4〜6mm，有毛
用途：庭園・公園樹　㊋枝垂桜

ソメイヨシノ ●バラ科 P.30 P.65
Prunus × yedoensis Matsumura (Cerasus × yedoensis Matsumura)

落葉樹でオオシマザクラとエドヒガンの雑種,高さ10m,伊豆に自生品があるとされる
葉：広状楕円形で先は急にとがり,鋭い重鋸歯縁,長さ7～10cm,葉の両面と葉柄は有毛
花：淡紅色で径2.5～4cm,花弁5,5月開花
果実：球形で径7mm,6～7月紫黒色に熟す
冬芽：花芽は卵形～長卵形で先はとがり,長さ6～8mm,葉芽は紡錘形～長楕円形で互生
用途：公園・庭園・街路樹
㊀染井吉野　㊅Yoshino cherry

マーキーウワミズザクラ ●バラ科
Prunus maackii Rupr. (Padus maackii Komarov) P.83

落葉広葉樹,高さ10～15mになる,樹皮は明褐色で光沢があり,若いシラカンバに似ている
葉：楕円形で,長さ8～12cm,先は細く尖り,基部は円形,縁に鋭い鋸歯がある,下面には腺点が多い,互生する
花：径1cmほどの白い花を,総状花序に多数つける,5～6月に開花する
果実：径4～5mmの球形で,8月に黒く熟す
分布：中国,朝鮮,アムールなど
用途：公園・街路樹など

冬芽

シウリザクラ　●バラ科　P.31 P.65 P.83
Prunus ssiori Fr. Schm.（Padus ssiori C. K. Schneid.）

　山地に生える落葉樹，高さ20mになる
葉：長楕円形〜倒卵状長楕円形で長さ8〜13
　　cm，先は尾状にとがり，細鋸歯縁，基部心形，
　　腺点は葉柄上部，若葉は紅色，互生する
花：10〜15cmの総状花序に径7〜9mmの白い
　　花を多数つける，花弁5，6月に開花
果実：球形で径8〜10mm，10月に黒色に熟す
冬芽：長卵形〜卵形で長さ7〜12mm
分布：北海道，本州中部以北，アジア東北部
用途：器具・彫刻材など

エゾノウワミズザクラ　●バラ科　P.31 P.65 P.83
Prunus padus Linn.（Padus racemosa C. K. Schneid.）

　平地〜山地のやや湿ったところに生える落葉樹，高さ15m
葉：倒卵形で長さ6〜9cm，先は急にとがり，基部は円形〜浅心形，細鋸歯縁，腺点は葉柄上部，互生
花：径約1.2cmの白色で，総状花序に多数つく，花弁5，5〜6月に開花，雄しべは花弁より短い
果実：球形で径8〜10mm，7〜8月に暗紅色から黒色になり熟する
冬芽：長卵形で長さ7〜12mm
分布：北海道，サハリン，朝鮮など
用途：樹皮を染料，公園樹など
㊥蝦夷の上溝桜　㊤Bird-cherry

ウワミズザクラ ●バラ科 P.31 P.65 P.83
Prunus grayana Linn. (*Padus grayana* C. K. Schneid.)

山野に生える落葉樹, 高さ15mになる
葉：長楕円形で長さ8〜11cm, 先はとがり基
　　部円形, 刺状鋸歯縁, 腺点は普通葉身の基部
花：径1cmの白花で総状花序に多数つく, 花弁
　　5, 5〜6月開花, 雄しべは花弁より長い
果実：卵円形で長さ6〜7mm, 9月に黒熟
冬芽：三角状卵形で長さ2〜4mm, 互生する
分布：日本, 中国中部, 本道は西南部
用途：器具・彫刻材, 樹皮を皮細工・染料など
㊥上溝桜

クロミサンザシ　サンチン ●バラ科
Crataegus chlorosarca Maxim. P.47 P.66 P.83

山野のやや湿った所に生える落葉樹, 高さ
10m. 枝に刺がある, 花序や葉はほとんど無毛
葉：卵形〜広卵形で長さ5〜12cm, 先はとが
　　り, 羽状浅裂しふぞろいな鋸歯縁
花：白色で径1〜1.5cm, 花弁5, 5〜6月開花
果実：径約8mmの球形で, 9月に黒く熟す
冬芽：長卵形で頂芽は長さ7〜12mm, 互生
分布：北海道, サハリン, 中国東北部
用途：床柱, 器具材, 公園樹, 果実は可食
㊥黒実山査子

エゾサンザシ　サンチン　●バラ科
Crataegus jozana C. K. Schneid. **P.47 P.66**

　やや湿った所に生える落葉樹，高さ10m，枝に刺，葉や花序に密毛，クロミサンザシは無毛
葉：広卵形で長さ5～10cm，羽状浅裂し鋸歯あり，表面は網脈状にくぼむ，下面毛が多い
花：白色で径約1.2cm，花弁5枚，6月に開花
果実：球形で径約8mm，9月に黒く熟す，有毛
冬芽：長卵形で頂芽は長さ6～12mm，互生
分布：北海道，本州（長野県），サハリン
用途：床柱，器具材，公園樹，果実は可食
㊡蝦夷山査子

アラゲアカサンザシ　オオバサンザシ　●バラ科
Crataegus maximowiczii C. K. Schneid. **P.46 P.83**

　高さ5～7mになる落葉樹，河畔や原野に生える，若枝は帯紅色で刺がある
葉：卵形～広楕円形で長さ7～11cm，羽状に浅く裂けふぞろいな鋸歯縁，裏面に白毛
花：白色5弁，径15mm，花序に粗毛，6月開花
果実：径7～9mmの球形～卵形で，粗毛があるかまたはほとんど無毛，9月暗紅色に熟す
分布：サハリン，シベリア，中国，朝鮮，北海道では野付半島付近にあるといわれる
用途：街路・公園樹

クサボケ ●バラ科
Chaenomeles japonica Lindl.　P.41　P.69

落葉樹で高さ約 1 m, 枝先は刺になる
葉：短枝に輪生または長枝に互生する, 倒卵
　　形, 長さ 2 〜 5 cm, 先はやや円く, 鈍鋸歯縁
花：雄花と雌花があり, 径約 2.5 cm, 朱赤色,
　　花弁は 5, 枝に 3 〜 4 個が束生, 5 月開花
果実：径約 3 cm の球形, 9 〜 10 月に黄色に熟す
分布：本州中南部, 九州
用途：庭園樹, 果実酒など　㋭草木瓜

ボケ ●バラ科
Chaenomeles speciosa Nakai　P.41　P.69　P.83

中国中部原産の落葉樹, 幹は叢生し, 高さ 1
〜 2 m, 枝に長さ 2 〜 5 cm の刺(茎針)がある
葉：長楕円形〜楕円形, 長さ 5 〜 9 cm, 細鋸歯縁
花：雄花と雌花がある, 径 2.5 〜 3.5 cm, 赤, 淡
　　紅色, 赤と紅の斑, 白などがある, 5 月開花
果実：楕円形で長さ 4 〜 6 cm, 9 〜 10 月に黄
　　色または赤褐色に熟す
用途：庭園樹, 盆栽, 花材　㋭木瓜

セイヨウリンゴ　リンゴ　●バラ科
Malus domestica Borkh.　**P.29　P.66**

ヨーロッパ原産で栽培される落葉樹、高さ10m、多くの栽培品種がある
葉：楕円形〜卵形で長さ5〜10cm、鈍鋸歯縁
花：枝先に散形状に数個つき、白色〜淡紅色で花弁5、径2.5〜3.5cm、5〜6月に開花
果実：径5〜10cmの球形、10月紅・黄色に熟す
冬芽：卵形〜円錐形で先は円く長さ4〜6mm、花芽は広卵形で長さ5〜7mm、互生
用途：果実を食用、街路樹
㊊ 西洋林檎　㊂ Apple tree

ヒメリンゴ　イヌリンゴ　●バラ科
Malus prunifolia Borkh.　**P.29　P.66　P.84**

中国原産の落葉樹、高さ5〜8m、エゾノコリンゴとイヌリンゴの雑種をさすとの説もある
葉：楕円形〜広楕円形、長さ4〜10cm、鋸歯縁
花：散形状に5〜6個つき、つぼみは淡紅色で開くと白色、径約3cm、5〜6月開花
果実：径2〜2.5cmの球形、先はくぼまないで残ったがくがつき、9〜10月濃紅色に熟す
冬芽：長卵形で長さ2〜4mm、互生する
用途：庭園・公園・街路樹、盆栽、果実は食用
㊊ 姫林檎　㊂ Chinese crab apple

ズミ　コリンゴ　●バラ科　P.47 P.66 P.84
Malus sieboldii Rehd. (*M. toringo* Sieb.)

山地や原野のやや湿った所に生える落葉樹，高さ2～10m，小枝はしばしば刺状になる

葉：短枝の葉は長楕円形で長さ3～10cm，細鋸歯縁，長枝の葉は卵形でときに3～5中裂

花：径2.5～3cmの白色で短枝の先に5～7個つく．5～6月に開花

果実：径6～10mmの球形，9～10月に濃紅色に熟す，キミノズミ（f. arborescens）は黄熟

冬芽：長卵形で長さ2～4mm，互生

分布：日本

用途：庭園・公園・街路樹，生垣，盆栽　㋐酸実

㋒Toringo crab, Japanese flowering crab

類似種：ズミとエゾノコリンゴの比較

	ズミ	エゾノコリンゴ
芽中の葉	縦に重なる（2折り）	包旋
つぼみ	濃紅色，開くと白	白～淡紅色
葉　形	3～5中裂する葉がある	中裂しない
新　葉	やや赤みを帯びる	緑色
果　室	3-4	(3) 4-5

キミノズミ

エゾノコリンゴ　サンナシ　●バラ科
Malus baccata var. mandshurica C. K. Schn.　P.29　P.66　P.84

　海岸から山地まで生える落葉樹，高さ10m，小枝はしばしば刺状になる
葉：長楕円形で長さ4〜10cm，鋸歯縁
花：短い枝先に4〜6個散形状につき，白色で径2.5〜3.5cm，花弁は5，5〜6月に開花
果実：球形で径10mm，9〜10月濃紅色に熟す
冬芽：卵形で先はとがり長さ2〜5mm，互生
分布：北海道，本州中部以北，南千島など
用途：庭園・公園・街路樹，生垣，盆栽
㊂蝦夷の小林檎　㊇Manchurian crab

ハナカイドウ　カイドウ　●バラ科
Malus halliana Koehne　P.29　P.66　P.84

　中国原産の落葉樹，高さ8m，時に刺枝あり
葉：長楕円形〜卵状長楕円形，長さ2〜8cm，細鋸歯縁，質はややかたい，互生する
花：散状に4〜6個つき，淡紅色で径約3cm，花弁5〜10，柄があり下垂，5月開花
果実：扁球形で径7〜9mm，10月に黄色または暗紅褐色に熟す
冬芽：卵形〜長卵形で長さ4〜7mm
用途：庭園樹，盆栽，花材
㊂花海棠　㊇Hall's crab, Hall's apple

セイヨウナシ　ナシ　●バラ科
Pyrus communis Linn.　**P.29**　**P.66**

ヨーロッパ・西アジア原産の落葉樹，高さ5〜8m，多くの品種がある

葉：卵形〜長楕円状卵形，先はとがり長さ6〜10cm，波状細鋸歯縁か全縁，上面光沢あり

花：短枝の先の散形花序に6〜12花つけ，白色で径約3cm，花弁は5，5月に開花

果実：通常は円錐形だが，多くの変異がある。長さ8〜15cm，10月に緑色〜黄緑色に熟す

冬芽：卵形〜長卵形で長さ5〜12mm，互生

用途：果実を食用　㋩西洋梨　㋘Common pear

マルメロ　●バラ科
Cydonia oblonga Mill.　**P.29**　**P.66**　**P.83**

中央アジア原産の落葉樹，高さ3〜8m

葉：卵形〜楕円形で長さ5〜10cm，全縁，質やや厚く，裏面に軟毛がある，互生する

花：白色〜淡紅色で径4〜5cm，短枝の先に1個つき，5月に開花

果実：セイヨウナシ型またはリンゴ型，径5〜6cm，9〜10月に黄色に熟し，芳香がある

冬芽：三角状卵形で，長さ2〜3mm

用途：庭園樹，床柱，果実を薬用，果実酒など
㋘Flowering quince

ワタゲカマツカ　ウシコロシ　●バラ科
Pourthiaea villosa Decne.　**P.37**　**P.66**　**P.83**

　丘や山地に生える落葉樹, 高さ 5 m
葉：倒卵状長楕円形で長さ 5 〜 10 cm, 細鋸歯
　　縁, 質やや厚く裏に綿毛が多い, 互生
花：径 1 cmの白色で 5 弁の花を複散形花序に
　　多数つける, 花序などに綿毛密生, 5 月開花
果実：楕円形で長さ 6 〜 7 mm, 9 〜 10 月に赤熟,
　　先にがく片が残る
冬芽：円錐形で, 長さ 2 〜 3 mm, 4 稜ある
分布：日本, 朝鮮, 本道は日高以南
用途：公園樹, 器具材

ザイフリボク　●バラ科
Amelanchier asiatica Endl.　**P.37**　**P.66**

　落葉樹で高さ 3 〜 6 m, まれに植えられる
葉：倒卵形〜楕円形, 長さ 5 〜 8 cm, 先はとが
　　り鋸歯縁, 初め綿毛があるがのち無毛, 互生
花：枝先に白色の花を密生する, 花径は 2.5 〜
　　3 cm, 花弁は 5 枚で線形, 5 月に開花
果実：径 5 〜 7 mmの球形, 初め淡紫色, のち紫
　　黒色で粉白, 10 月に熟す
冬芽：紡錘形で先はとがり, 長さ 5 〜 10 mm
分布：本州, 四国, 九州, 朝鮮
用途：庭園樹, 花材, 果実を食用

アロニア・メラノカルパ　メラノカルパナナカマド　●バラ科　*Aronia melanocarpa* Elliot　**P.84**

北アメリカ原産の落葉樹，高さ3mになる，果実はジャムなどに加工される

葉：倒卵形～卵形で，長さ7～9cm，表面は光沢があり，やや肉厚，細鋸歯縁，互生

花：径約1cm，花弁は5枚で白色，集散花序に多数つく，5月に開花

果実：光沢のある黒色で，径8～10mmの球形，8～9月に熟する

用途：庭園・公園樹，果実を食用

㊥ Black Chokeberry

葉の形

冬芽

アズキナシ　カタスギ　●バラ科
Sorbus alnifolia C. Koch　**P.34**　**P.66**　**P.84**

低地から山地に生える落葉樹，高さ10～15m，太さ30～50cmになる

葉：長さ6～10cm，先は尖り，重鋸歯縁，側脈は8～12対，まっすぐに伸びる，互生する

花：散房状花序に径1～1.5cmの白色の花をまばらにつける，花弁は5，5～6月に開花

果実：長卵形～楕円形で長さ6～10mm，9～10月に紅熟する，円い皮目がまばらにある

分布：日本，朝鮮，中国，ウスリー

用途：公園・街路樹，器具材など　㊢ 小豆梨

ナナカマド ●バラ科
Sorbus commixta Hedl.　**P.57　P.66　P.84**

　山地に生える落葉樹，高さ10～15m，全道34市町村で市町村の木に指定されている

葉：奇数羽状複葉で長さ12～24cm，小葉は9～15，長楕円状披針形で長さ2.5～9cm，先はとがり鋭鋸歯縁で無柄，秋に紅葉する

花：径10～12cmの複散房状花序に，径約1cmの白色で5弁の花を多数つける，6月開花

果実：径約6mmの球形で，9～10月に赤く熟する，落葉後も枝に残る

冬芽：長卵形～長楕円形で先はとがり，頂芽は長さ12～18mm，互生する

樹皮：灰褐色～灰黒褐色，粗肌で浅く裂ける，大きな皮目がある

分布：日本，南千島，サハリン，朝鮮

用途：庭園・公園・街路樹，花材など

㊅七竈　㊇Japanese Rowan

雑種：ナナカマドとアズキナシの雑種と思われるカワシロナナカマド（S. × kawashiro Ko. Ito）がある

カワシロナナカマド

タカネナナカマド ●バラ科
Sorbus sambucifolia Roem.　P.57　P.66　P.84

高山や北地に生える落葉樹, 高さ1～2m
葉：羽状複葉で長さ9～16cm, 小葉は9～
　　11, 長楕円形, 鋭鋸歯縁, 表面に光沢, 互生
花：花序に径約1cmの花を多数つける, 花弁
　　5, 白色で少し紅色を帯び, 6～7月開花
果実：径約1cmの楕円状球形, 9～10月赤熟,
　　果序下垂, ミヤマナナカマドは下垂しない
冬芽：紡錘形で先はとがり長さ10～17mm
分布：北海道, 本州中部以北, 千島など
用途：庭園樹　㋖高嶺七竈

ミヤマナナカマド ●バラ科 P.57 P.66
Sorbus sambucifolia var. *pseudogracilis* C. K. Schn.

タカネナナカマドの変種で高山や北地に生
える落葉樹, 高さ1m, 幹はややほふくする
葉：羽状複葉で長さ7～11cm, 小葉は7～9,
　　長さ1.5～4.5cm, 鋭鋸歯縁, 表面に光沢
花：白色で少し紅色をおびる, 6～7月に開花
果実：径約8mmの楕円状球形, 9～10月に赤
　　く熟す, 果序は上向きでほとんど下垂しない
冬芽：紡錘形で長さ10～15mm, 互生
分布：北海道, 本州中部以北
用途：庭園樹　㋖深山七竈

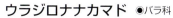

ウラジロナナカマド ●バラ科
Sorbus matsumurana Koehne　P.57　P.66

高山帯に生える落葉樹，高さ 2 m，幹は斜上
葉：羽状複葉で長さ 10 〜 20 cm，小葉は 9 〜 11，長楕円形で長さ 2 〜 6 cm，中部以上は鋸歯縁，以下は全縁，下面は粉白色，互生する
花：径 6 〜 8 cm の複散房状花序に，径 10 〜 15 mm の白色で 5 弁の花を多数つける，6 〜 7 月に開花
果実：径約 8 mm の球形〜広楕円形，9 月赤熟
冬芽：紡錘形で先はとがり，長さ 12 〜 18 mm
分布：北海道，本州(中部以北)　㊊ 裏白七竈

ベニシタン ●バラ科
Cotoneaster horizontalis Decne.　P.44　P.71　P.85

中国西部原産の常緑樹だが，道内では落葉することがある．高さ 0.5 〜 1 m，幹はほふく状に出て，アーチ状に曲がる
葉：小枝に束生し，長楕円形〜卵円形で革質，長さ 0.5 〜 1.5 cm
花：径約 6 mm，花弁は 5，紅色〜淡紅色で半開する，6 月に開花する
果実：卵形で径約 5 mm，9 月鮮紅色に熟す
用途：庭園・公園樹，花材，盆栽
㊊ 紅紫檀　㊖ Rock cotoneaster

ヤナギバシャリントウ　コトネアスター　●バラ科
Cotoneaster salicifolius Franch.　P.40　P.86

中国西部原産の半常緑または常緑樹，ほふく性から高さ 2 m になる，多くの品種があり，庭や公園に植えられる

葉：長楕円形〜卵状披針形，長さ 2 〜 6 cm，先はとがり基部はくさび形，互生する

花：白色で径 1 〜 1.5 cm，6 月に開花する

果実：径 6 mm のほぼ球形で 9 〜 10 月に紅色に熟す

用途：庭園・公園樹，グラウンドカバー

㊥ Willowleaf cotoneaster

ネムノキ　●マメ科
Albizzia julibrissin Durazz.　P.59　P.67　P.88

高さ 5 〜 7 m の落葉樹，庭や公園に植えられる

葉：偶数 2 回羽状複葉で長さ 20 〜 30 cm，羽片は 14 〜 24，小葉 36 〜 58，長さ 10 〜 15 mm

花：花弁は長さ 8 mm，花糸は長さ 3.5 cm でともに淡紅色，8 月に開花

果実：豆果は長さ約 10 cm，10 〜 11 月成熟する

冬芽：球形〜いぼ状で長さ 1 〜 2 mm，互生

分布：本州，四国，九州，沖縄，朝鮮など

用途：庭園・公園樹

㊡ 合歓木　㊥ Silk flower

エニシダ ●マメ科
Cytisus scoparius Link　P.44　P.71　P.88

　ヨーロッパ西部原産の落葉樹. 高さ3m. 枝は初め5稜あり濃緑色. 庭などに植えられる
葉：3出複葉. 小葉は倒卵形〜倒披針形で全縁, 花枝は側小葉が退化して頂小葉だけになる
花：濃黄色の蝶形花で長さ約2cm. 5〜6月に開花. ホオベニエニシダ (f. andreanus) は両翼弁に赤いぼかしがある
果実：豆果は長楕円状線形で長さ4cm, 両縁に軟毛あり, 9〜10月に成熟し, 黒褐色になる
用途：庭園樹, 花材　㊥金雀枝　㊒Golden broom

ホオベニエニシダ

サイカチ ●マメ科　*Gleditsia japonica* Miq.　P.59　P.69

　寺社の境内などに植えられる落葉樹, 高さ15m, 枝に茎針あり
葉：羽状複葉で長さ20〜30cm, 小葉16〜24枚, 長楕円形で基部は円く, 微細鋸歯縁
花：黄緑色で径約6mm, 総状花序に多数つく, 雄花, 雌花, 両性花あり, 6月に開花する
果実：豆果は長さ25〜30cm, 扁平でややねじれる, 10月に成熟
冬芽：半球形で長さ1.5mm, 互生
分布：本州, 四国, 九州, 朝鮮など
用途：公園樹, 若葉を食用など, 昔は石鹸の代用にした

イヌエンジュ ●マメ科

Maackia amurensis var. buergeri C. K. Schn. P.59 P.64 P.88

山地に生える落葉樹，高さ15 m，太さ30 cmになる．街路や公園にも植えられる．エンジュと呼ばれることがあるが，本当のエンジュ（Sophora japonica L.）は中国原産の木

葉：羽状複葉で長さ20〜30 cm，小葉は7〜13，長さ4〜8 cmで卵形，基部は円形〜切形，表面深緑色，裏面は緑白色，芽吹きの若葉は葉軸と小葉の裏面に細毛を密生し，銀白色にみえる

花：複総状花序に，黄白色で径約1 cmの蝶形花を多数つける，7〜8月に開花

果実：豆果は平たくて長さ4〜8 cm，幅約1 cm，10月頃褐色に熟す

冬芽：広卵形〜卵形で先はとがり，仮頂芽は長さ5〜8 mm，短軟毛があり，互生する

樹皮：淡緑褐色〜灰褐色，老樹では浅く裂ける

分布：北海道，本州中部以北

用途：床柱，器具材，彫刻材，公園・街路樹

㊅ 犬槐

エゾヤマハギ ●マメ科
Lespedeza bicolor Turcz.　P.55　P.67　P.89

　山野の道路沿いなどに生える落葉樹、高さ2m
葉：3出複葉、小葉は広倒卵形で先は円く長さ
　　2〜5cm、裏面は微毛ありやや白色、互生
花：長い総状花序に、紅紫色で長さ約1.5cmの
　　蝶形花をつける、8〜9月に開花
果実：長さ約1cmの平たい楕円形、10月成熟
冬芽：卵形で長さ2〜3mm、側芽に副芽あり
分布：日本、朝鮮、中国、ウスリー
用途：公園・庭園樹、花材、砂防用、家畜飼料
㊢蝦夷山萩

ミヤギノハギ ●マメ科
Lespedeza thunbergii Nakai　P.55　P.67

　公園などに植えられる落葉樹、高さ2m、枝
は垂れる、全体に絹状の伏毛がある
葉：3出複葉、小葉は長さ2〜6cm、全縁
花：紅紫色の蝶形花で長さ1.5cm、8〜9月開
　　花、シロバナハギ（L. japonica）は白色
果実：豆果は長さ約1cmの広楕円形
冬芽：球形で長さ1mm、有毛、互生する
分布：本州（東北、北陸、中国地方）
用途：庭園・公園樹、花材
㊢宮城野萩　㊤Japanese purple

シロバナハギ

イタチハギ　クロバナエンジュ　●マメ科
Amorpha fruticosa Linn.　P.59　P.67　P.89

北アメリカ原産の落葉樹，高さ3m，砂防用などに植えられ，一部は野生化している

葉：偶数羽状複葉で長さ10〜30cm，小葉は10〜20で長楕円形〜卵円形，全縁，互生する

花：枝先の総状花序に，暗紫色で長さ約8mmの蝶形花を多数つける，6〜7月開花

果実：豆果は長さ約8mm，10月に褐色に熟す

冬芽：卵形で先はややとがり，枝に伏生し長さ2〜4mm，普通は側芽の横に副芽をつける

用途：砂防用，飼料　　英 False indigo

フジ　ノダフジ　●マメ科　*Wisteria floribunda* DC.　P.59　P.72　P.88

庭などに植えられる落葉つる性木本，他木に巻きつく，つるは右巻き

葉：奇数羽状複葉で長さ20〜30cm，小葉は11〜19，卵状披針形で全縁，長さ4〜10cm

花：長さ20〜30cmの花序に，長さ1.2〜2cmの紫〜淡紫色の蝶形花を多数つける，5〜6月に開花，シラフジ(f.alba)の花は白色

果実：長さ12〜20cm，10月に成熟

冬芽：卵形〜長卵形で長さ5〜8mm，互生する

分布：本州，四国，九州

用途：庭園樹，盆栽，花材　　漢 藤

シラフジ

クズ ●マメ科
Pueraria lobata Ohwi　P.54　P.72　P.89

平地〜山すその道路沿いに生える，落葉つる性木本．幹の太いものは径10cm近くになる
葉：3出複葉，頂小葉は菱状円形でときに3裂し長さ幅とも10〜15cm，側小葉もときに2裂
花：総状花序に，径約2cmの紅紫色または，淡紫色か白色の花をつける，7〜8月に開花
果実：豆果は長さ6〜8cm，褐色の長剛毛ある
分布：日本
用途：葉は飼料，根からくず粉をとる
漢 葛　　英 Kudzu vine

キングサリ　キンレンカ　●マメ科　*Laburnum anagyroides Madic.*　P.55　P.67　P.89

ヨーロッパ中南部原産の落葉樹，高さ6〜10m
葉：3出複葉，小葉は楕円形〜倒卵形で全縁，長さ3〜7cm，互生
花：長さ10〜25cmの下垂する総状花序に，長さ約2cmの鮮黄色の蝶形花を多数つける，5〜6月に開花する
果実：豆果は長さ5〜7.5cmで軟毛がある，10月に成熟し褐色
冬芽：卵形で長さ3〜6mm，白毛が多く生える
用途：庭園・公園樹
漢 金鎖　　英 Golden chain

ニセアカシア　ハリエンジュ　●マメ科
Robinia pseudoacacia Linn.　**P.59　P.69　P.88**

北アメリカ原産の落葉樹，高さ20m，枝に刺があり，一部野生化している

葉：奇数羽状複葉で長さ20～30cm，互生する，小葉は7～19，楕円形で長さ2～5cm，全縁

花：下垂する長さ9～15cmの総状花序に，径約2cmの白色の蝶形花を多数つける，6～7月開花

果実：豆果は長さ5～10cm，10月成熟，淡褐色

冬芽：葉痕（葉枕）の中に隠れて見えない

用途：公園・街路樹，砂防用，器具材など

英 False acasia, Black locust

変種・品種：イギリストゲナシニセアカシア（パラソルアカシア，var. umbraculifera）は樹形が傘状で，刺も毛もなく，小低木なので接木したものが利用される，ウスベニニセアカシア（f. decaisneana）は花が淡紅色，オオゴンニセアカシア（f. aurea）は葉が黄色～黄緑色，トゲナシニセアカシア（var. inermis）は刺がない

ウスベニニセアカシア

パラソルアカシア

オオゴンニセアカシア

ハナアカシア ●マメ科
Robinia hispida Linn.　P.59　P.69

　北アメリカ原産の高さ0.5～2mの落葉樹，茎・小枝・花序などに赤褐色の剛毛を密生，ニセアカシアに接木したものが植えられる
葉：奇数羽状複葉で長さ20～30cm，小葉は7～13，円形～楕円形，全縁，互生する
花：総状花序を下垂し4～8花つける，花は蝶形花で淡紅色，長さ2～3cm，6～7開花
果実：まれに結実，豆果は長さ6cm，剛毛あり
冬芽：平たい半球状で高さ1～1.5mm
用途：庭園・街路樹　㊙ Rose acasia locust

ハナズオウ　スオウノキ ●マメ科　*Cercis chinensis Bunge*　P.36　P.67　P.89

　中国原産の落葉樹，高さ2～3m，道内では庭に植えられる
葉：心形で先はとがり長さ6～10cm，全縁，質はやや厚く光沢ある
花：紅紫色の蝶形花で径約8mm，4～10花が束状につく，5月に葉より先に開花する

果実：豆果は広線形で扁平，長さ5～8cm，10月に成熟し褐色になる
冬芽：三角形で先はとがり，長さ1～2mm，花芽は楕円形で先は円く，長さ3～5mm，互生する
用途：庭園樹，花材
㊥ 花蘇芳

キハダ　シコロ　●ミカン科
Phellodendron amurense Rupr.　P.58　P.74　P.88

山地や平地に生える落葉樹，高さ25 m

葉：奇数羽状複葉で長さ20〜40 cm，小葉は5〜13，卵状長楕円形で先はとがる，長さ5〜10 cm，ふぞろいな鈍鋸歯縁，主脈に白毛がある．葉や花序に毛がなく小葉の幅がやや広く，樹皮のコルク質が薄いものをヒロハノキハダ（var. sachalinense）と呼ぶことがある

花：雌雄異株，黄緑色で径約8 mm，円錐花序に多数つく，花軸には褐短毛を密生，花弁5，雌花の柱頭は褐色で退化した雄しべ5本があり，雄花の葯は黄色で5本の雄しべと退化した雌しべがある．6〜7月に開花

果実：径8〜10 mmの球形，9〜10月に黒熟

冬芽：半球形で先は円く長さ2〜4 mm，対生

樹皮：淡褐色〜淡黄灰色，厚いコルク質で縦裂し，内皮は鮮黄色

分布：日本，朝鮮，中国，アムール，ウスリー

用途：内皮（黄柏）を薬用，公園樹，器具材

㊥ 黄膚　㊥ Amur cork-tree

雄花

雌花

内皮

サンショウ ●ミカン科
Zanthoxylum piperitum DC. **P.56 P.67 P.88**

　山中に生える落葉樹, 高さ3m, 刺あり
葉：奇数羽状複葉で長さ5〜15cm, 小葉は11
　　〜19, 卵状長楕円形で長さ1〜3.5cm, 互生
花：雌雄異株, 黄緑色で径6mmの花をつける,
　　雄花の葯は黄色, 花弁5, 5〜6月に開花
果実：径約5mmの球形でしわが多く赤褐色, 10
　　月に熟し, 種子は光沢のある黒色
冬芽：球形で先は円く長さ1.5〜3mm, 裸芽
分布：日本, 朝鮮, 中国, 本道は日高以南
用途：若葉や種子を香辛料　㊡山椒

雄花　　雌花

ツルシキミ ●ミカン科
Skimmia japonica var. intermedia f. repens Hara **P.40 P.88**

　山地の樹林下に生える常緑樹, 茎は長く地を
はい斜上する, 高さ0.5m
葉：披針状長楕円形で長さ4〜9cm, 先をのぞ
　　くと全縁, 上面光沢あり革質, ウチダシツル
　　シキミ（f. intermedia）は脈が凹入する
花：雌雄異株, 枝先の円錐花序に径約1cmの白
　　色の花をつける, 花弁4, 5月に開花する
果実：径8〜10mmの球形で通常10月に赤熟
分布：日本, 南千島, サハリン
用途：グラウンドカバー

雄花　　雌花

ニガキ ●ニガキ科
Picrasma quassioides Benn.　P.58　P.63　P.84

山中に生える落葉樹 1，高さ 10～15 m
葉：奇数羽状複葉で長さ 20～30 cm，小葉は 9
　～13，長楕円形で鈍鋸歯縁，互生する
花：雌雄異株，淡黄緑色で径約 8 mm，長さ約
　10 cmの花序につく，花弁 4～5，雌花に 4～
　5本の退化した雄しべがある，5～6月開花
果実：楕円形で長さ 6 mm，緑藍色，10月成熟
冬芽：頂芽は裸出，卵状円錐形で長さ 6～8 mm
分布：日本，台湾，朝鮮，中国
用途：器具材，枝や葉は薬用　㊊苦木

雄花　　　雌花

ニワウルシ　シンジュ ●ニガキ科
Ailanthus altissima Swingle　P.58　P.63　P.81

中国北中部原産の落葉樹，高さ 15～20 m
葉：奇数羽状複葉で長さ 40～60 cm，葉柄の基部
　はふくれる，小葉は通常 13～25，卵状楕円形，
　基部近くに 1～2対の大鋸歯，長さ 7～14 cm
花：雌雄異株，淡黄緑色で径約 1 cm，花弁 5，雌
　花にも多数の退化した雄しべあり，6月開花
果実：長さ約 4 cmの翼果で狭長楕円形，10月
　成熟，淡紅緑色から淡褐色になる
冬芽：半球形で先は円く長さ 3～6 mm，互生
用途：街路・公園樹，器具材　㊈ Tree of Heaven

雄花　　　雌花

エゾユズリハ ●トウダイグサ科
Daphniphyllum macropodum var. humile Rosenthal　P.40　P.84

　日本海側の山地の樹林下や林縁に生える常緑樹．高さ1.5m．下から分枝し，幹は斜上する
葉：狭長楕円形で長さ8〜14cm．革質で先はとがり全縁．互生するが枝先では輪生状
花：雌雄異株．長さ4〜8cmの総状花序に花をつけるが花弁もがくもない．5〜6月開花
果実：長さ8mmの楕円形．10月成熟．碧黒色
分布：北海道，本州中部以北
用途：庭園樹，花材
㊢蝦夷譲葉，蝦夷交譲木

雄花　　　雌花

フッキソウ ●ツゲ科　*Pachysandra terminalis Sieb. et Zucc.*　P.44　P.88

　山地や平野の樹林下のやや湿った所に多く生える常緑樹．茎は地際から斜上し，高さ20〜30cm
葉：長さ1〜3cmの菱状倒卵形，質は厚く3主脈がある．表面濃緑色，裏面淡緑色，輪生状につく
花：上向きの花軸に総状につき，淡緑黄色．径約3mm．雄花は上部に，雌花は下部につく．5月開花
果実：径1.2〜1.5cmの球形で真珠色．9〜10月に成熟する
分布：日本，中国
用途：庭園樹，グラウンドカバー
㊢富貴草，吉祥草

クサツゲ　ヒメツゲ　●ツゲ科　*Buxus microphylla Sieb. et Zucc.*　P.44

高さ50cmほどの常緑樹．枝は密生し，ときに伏生状，半球状になる．全体に無毛．自生品はない

葉：倒卵形〜長楕円形で長さ1〜2cm，全縁，質はやや薄く光沢がある．柄はない．対生する

花：淡黄色で径約1cm，5〜6月に開花．道内での開花は少ない

果実：さく果は長さ約1cmの倒卵形，9〜10月に成熟する

用途：庭園樹，公園樹，グラウンドカバー　㊎草黄楊

チョウセンヒメツゲ　●ツゲ科
Buxus microphylla var. koreana Nakai　P.44

庭や公園に植えられる常緑樹．高さ1m

葉：倒卵形〜長楕円形で長さ0.6〜1.5cm，革質で厚く，対生する

花：淡黄色で1個の雌花のまわりに4〜6花の雄花がつく．花径8〜10mm，6〜7月開花

果実：さく果は卵状楕円形で長さ1cm，三角状にとがり，9〜10月に成熟し，黒褐色になる

分布：本州(中国地方)，朝鮮，中国

用途：庭園・公園樹，生垣

㊎朝鮮姫黄楊

ガンコウラン ●ガンコウラン科
Empetrum nigrum var. japonicum K. Koch **P.92**

　高山帯や北地の湿原，海岸近くに生える常緑樹。茎は長く地をはい，枝は斜上または直立
葉：長さ4〜7mm，幅1mmの線形で多数互生
花：雌雄異株，5〜6月に開花。雄花は花弁3，雄しべは暗紫色で3本，雌花は紫黒色
果実：径5〜8mmの球形で，8〜9月に紫黒色に熟す
分布：北海道，本州中部以北，千島など
用途：鉢植え，グラウンドカバー，果実を食用，ジャム，果実酒など　㋺岩高蘭

雄花　　　　　　　　　　雌花

ドクウツギ ●ドクウツギ科
Coriaria japonica A. Gray **P.46 P.75 P.88**

　河岸や山の斜面などの日当りの良い所に生える落葉樹。高さ1.5m。果実，葉，茎は猛毒
葉：卵状長楕円形で長さ4〜10cm，基部から3主脈，先はとがる，無柄，左右2列に並ぶ
花：雄花序と雌花序があり，葯は紅黄色，柱頭は紅色。5〜6月に開花
果実：径1cm，初め赤色のち紫黒色，8月成熟
冬芽：卵形〜長卵形で長さ4〜8mm，対生
分布：北海道（日本海側），本州（近畿以北）
㋺毒空木

雄花と雌花

ツタウルシ ●ウルシ科
Rhus ambigua Lavallee　P.55　P.63　P.89

山中に生える落葉つる性木本，芽吹きは暗赤色，気根で他木にはい登る，かぶれることがある

葉：3出複葉，頂小葉は楕円形で長さ12〜15cm，側小葉は卵形で8〜12cm，全縁，互生

花：雌雄異株，円錐花序に黄緑色〜淡褐緑色で径4〜6mmの花をつける，花弁5，5〜6月開花

果実：径6mmの扁球形で縦すじがある，10月成熟し，緑色から褐色になる

冬芽：裸出し円錐形で長さ4〜8mm，軟毛あり

分布：日本，南千島，サハリン，中国　㊀蔦漆

雄花

ヤマウルシ　キウルシ　●ウルシ科
Rhus trichocarpa Miq.　P.58　P.63　P.89

山地や原野に生える落葉樹，高さ5m，新葉の軸は赤褐色，秋に紅葉する，かぶれることがある

葉：奇数羽状複葉で長さ25〜40cm，小葉11〜17，卵形で長さ6〜12cm，葉柄は赤い，互生

花：雌雄異株，円錐花序に径3〜5mmの淡黄色〜淡黄褐色の花を多数つける，5〜6月開花

果実：扁球形で幅6mm，10月成熟，黄褐毛を密生する

冬芽：裸出し卵形で長さ3〜10mm，軟毛密生

分布：日本，南千島，朝鮮，中国　㊀山漆

雄花　　雌花

雌花

ヌルデ　フシノキ　●ウルシ科
Rhus javanica Linn.　**P.58　P.63**

山野に生える落葉樹, 高さ5〜7m
葉：奇数羽状複葉で長さ25〜40㎝, 小葉は9〜13, 鈍鋸歯縁, 小葉の間に翼がある. 葉柄は緑色. 互生する
花：雌雄異株, 円錐花序に黄白色で径2.5〜4㎜の花を多数つける. 8月頃開花
果実：扁球形で径約4㎜, 短毛を密生, 9〜10月成熟. 酸味のある白粉でおおわれる
冬芽：半球形で軟毛密生, 長さ約5㎜
分布：日本, 朝鮮, 中国, インド

雄花

ヒメモチ　●モチノキ科　*Ilex leucoclada Makino*　**P.40　P.87**

山地の樹林下に生える常緑樹, 高さ1m, 幹の下部はやや横にはう
葉：狭長楕円形で長さ6〜13㎝, 革質で光沢あり, 全縁か上部に不明の鋸歯がある. 互生する
花：雌雄異株, 黄白色で径約7㎜, 花弁4, 1〜数個が束生する. 雌には雌しべ1本と退化した小さな雄しべが4本ある. 6月頃開花
果実：球形で径0.8〜1㎝, 9〜10月に赤く熟す
分布：北海道(西南部), 本州(日本海側)
用途：庭園樹

雌花

ツルツゲ　エゾツルツゲ　●モチノキ科
Ilex rugosa Fr. Schm.　**P.40**

針葉樹林下に生える常緑樹，ほふく性で幹は地をはう，高さ0.3～0.5m

葉：卵状長楕円形で長さ1.5～4cm，まばらな低鋸歯縁，革質で表面は網脈が凹入，互生

花：雌雄異株，白色で径約5mm，花弁4，雄花は数個，雌花は1個ずつつく，雌花には雌しべ1本と退化した雄しべ4本，6～7月開花

果実：球形で径約5mm，9～10月に赤熟する

分布：日本，千島，サハリン

用途：グラウンドカバー　㊥蔓黄楊

雌花

雄花

オオツルツゲ　●モチノキ科
Ilex × makinoi Hara　**P.40**　**P.87**

山地の樹林下などにまれに生える常緑樹，高さ0.5～1m，ツルツゲとヒメモチの雑種といわれている

葉：狭長楕円形で長さ5～7cm，表面のしわは浅い，低い鈍鋸歯縁

花：雌雄異株で白色，径約5mm，花弁4，径約5mm，雌花には雌しべ1本と退化した小さな雄しべ4本がある，6～7月に開花

果実：球形で径約5mm，9～10月に赤熟する

分布：北海道(南部)，本州(東北地方)

雌花

雄花　　雌花

アカミノイヌツゲ ●モチノキ科
Ilex sugerokii var. brevipedunculata S. Y. Hu　P.40　P.87

蛇紋岩地帯や湿地に生える常緑樹，高さ2m
葉：長楕円形〜長卵形で長さ2〜3.5cm，革質で光沢ある，小数の低い鋸歯縁，互生する
花：雌雄異株，白色で径4〜5mm，花弁4，雄花は2〜3個，雌花は1個ずつつく，雌花には1本の雌しべと4本の退化した小さな雄しべが4本ある，6〜7月に開花
果実：球形で径5〜7mm，9〜10月に赤熟
分布：北海道，本州中部以北
用途：庭園樹　㊊赤実の犬黄楊

雄花　　雌花

イヌツゲ ●モチノキ科
Ilex crenata Thunb.　P.40　P.87

山地に生える常緑樹，高さ3〜5m
葉：楕円形〜長楕円形で長さ1.5〜3cm，革質で光沢ある，低い鋸歯縁，下面に腺点，互生
花：雌雄異株，白色〜淡黄色で径約4mm，花弁4，雌花には1本の雌しべと4本の退化した小さな雄しべ4本がある，6〜7月に開花
果実：球形で径7mm，9〜10月に黒く熟す
分布：日本
用途：庭園・公園樹，生垣，器具材
㊊犬黄楊　㊋Japanese holly

ハイイヌツゲ ●モチノキ科
Ilex crenata var. paludosa Hara **P.40**

イヌツゲの変種で湿地や山地に生える常緑樹、高さ1.5 m、幹はやや地面をはう
葉：楕円形～長楕円形で長さ1.5～3 cm、革質で光沢ある、低い鋸歯縁、下面に腺点、互生
花：雌雄異株、白色～淡黄色で径約4 mm、花弁4、雌花には1本の雌しべと4本の退化した小さな雄しべ4本がある、7月に開花
果実：球形で径6～7 mm、9～10月に黒く熟す
分布：北海道、本州（日本海側）、南千島など
用途：庭園・公園樹、生垣　㊢這犬黄楊

雄花　　　　　　　雌花

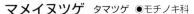

マメイヌツゲ　タマツゲ ●モチノキ科
Ilex crenata f. bullata Rehd. **P.40**

イヌツゲの品種で、高さ0.5～1 m、刈り込んで樹形を球状にすることが多い
葉：楕円形で長さ1.2～2.5 cm、ふちが裏面に巻き込む、質は厚く、光沢がある、互生する
花：雌雄異株、白色～淡黄色で径約4 mm、花弁4、6～7月に開花
果実：球形で径6 mm、9～10月に黒く熟す
用途：庭園・公園樹　㊢豆犬黄楊、玉犬黄楊

オクノフウリンウメモドキ ●モチノキ科
Ilex geniculata var. glabra Okuyama **P.87**

山地に生える落葉樹、高さ2～3 m
葉：長卵状楕円形で長さ4～10 cm、鋸歯縁、先はとがり基部は円形
花：雌雄異株、白色で小さく、6～7月に開く
果実：球形で径約5 mm、10月に赤熟、長柄ありに下垂する
分布：本州（奥羽地方）、道内では函館山にあるといわれている

アオハダ ●モチノキ科
Ilex macropoda Miq.　P.32　P.70　P.87

　山地に生える落葉樹，高さ10m
- 葉：卵形〜広卵形で長さ4〜7cm，先はやや とがり鋸歯縁，短枝の葉は束生，長枝は互生
- 花：雌雄異株，緑白色で径約4mm，花弁4〜5，雌花には雌しべ1本と4〜5本の退化した雄しべがある，5〜6月に開花
- 果実：楕円状球形で長さ7mm，9〜10月赤熟
- 冬芽：球形〜円錐形で長さ1〜3mm，互生
- 分布：日本，朝鮮，中国，本道は石狩以南
- 用途：器具材　漢 青膚

雄花

雌花

ウメモドキ ●モチノキ科
Ilex serrata Thunb.　P.41　P.70　P.87

　庭や公園に植えられる落葉樹，高さ2〜3m
- 葉：楕円形〜長楕円形で長さ4〜8cm，先はとがり，細鋸歯縁，両面短毛がある，互生する
- 花：雌雄異株，淡紅色で径約3.5mm，雌花には1本の雌しべと4〜5本の退化した小さな雄しべがある，6月に開花する
- 果実：球形で径約5mm，9〜10月に通常赤熟
- 冬芽：半球形〜円錐形で長さ約1mm
- 分布：本州，四国，九州，中国
- 用途：庭園・公園樹，花材　漢 梅擬

雄花

雌花

ツルウメモドキ ●ニシキギ科
Celastrus orbiculatus Thunb. P.35 P.72 P.87

山野に生える落葉つる性木本，他木にからむ
葉：楕円形〜倒卵円形で長さ5〜10cm，先は
　　やや円く急にとがる．オニツルウメモドキ
　　（var. strigillosus）は下面脈上に小突起毛
花：雌雄異株，淡緑色，径7mm，5〜6月開花
果実：球形で径8mm，3裂し黄赤色の仮種皮が
　　見える．10月に成熟，落葉後も枝上に残る
冬芽：球形〜円錐形で長さ2〜4mm，互生
分布：日本，南千島，台湾，中国など
用途：庭園樹，公園樹，花材　㊤蔓梅擬

雄花　　　　雌花

ツルマサキ ●ニシキギ科 *Euonymus fortunei var. radicans Rehd.* P.40 P.87

平地〜山地に生える常緑のつる
性木本，気根があり他木にはい登
る．枝は円く緑色
葉：楕円形〜長楕円形で長さ1〜
　　7cm，鈍鋸歯縁，革質，対生する．
　　葉形の変異が多い
花：集散花序につき淡緑黄色で径
6mm，6〜7月に開花
果実：球形で径約8mm，9〜10月
　　成熟，4裂し，橙赤色の仮種皮に
　　包まれた種子があらわれる
分布：日本，朝鮮，中国
用途：庭園樹，グラウンドカバー
㊤蔓柾　㊤Evergreen bittersweet

マサキ　●ニシキギ科
Euonymus japonicus Thunb.　**P.40**

海岸近くに生え，庭や公園に植えられる常緑樹，高さ3～5m，枝は緑色
葉：倒卵形～楕円形で長さ3～8cm，鈍鋸歯縁，革質で光沢がある，対生，変異が多い
花：淡緑色で径7mm，6～7月開花
果実：球形で径約7mm，4裂し橙赤色の仮種皮に包まれた種子があらわれる，11月頃成熟
分布：日本，朝鮮，中国，本道では南部に自生
用途：庭園・公園樹，生垣
㊊柾　㊐Evergreen spindle tree

マユミ　●ニシキギ科
Euonymus sieboldianus Blume　**P.32**　**P.73**　**P.88**

山地や原野に生える落葉樹，高さ3～5m
葉：長楕円形～楕円形で長さ5～15cm，細鋸歯縁，先はとがり，対生する
花：淡緑色で径約8mm，5～6月開花
果実：倒三角形で4稜あり長さ8～10mm，淡紅色～紅色に熟し，4裂する，9～10月成熟
冬芽：卵形で長さ3～6mm，頂芽1個
分布：日本，サハリン，朝鮮
用途：庭園・公園樹，器具材
㊊真弓　㊐Japanese spindle tree

ニシキギ ●ニシキギ科
Euonymus alatus Sieb. *P.32 P.73 P.87*

　山地から海岸近くまで生える落葉樹，高さ3〜5m，枝にコルク質の翼が発達，紅葉する
葉：広倒披針形で長さ2〜7cm，細鋸歯縁
花：淡黄緑色で径7mm，花弁4，5〜6月開花
果実：狭倒卵形で赤色，長さ約8mm，9〜10月
　に成熟し，裂けると橙赤色の仮種皮が見える
冬芽：卵形で長さ2〜5mm，頂芽1個，側芽対生
分布：日本，南千島，サハリン，朝鮮，中国
用途：庭園・公園樹
㊥錦木　㊗Winged spindle tree

コマユミ ●ニシキギ科
Euonymus alatus f. ciliatodentatus Hiyama　*P.73*

　ニシキギの品種で，枝にコルク質の翼はない，山地から海岸近くに生える落葉樹，高さ2m
葉：倒卵形〜広倒披針形で長さ2〜7cm，細鋸歯縁，対生する，紅葉は美しい
花：淡黄緑色で径7mm，花弁4，5〜6月開花
果実：狭倒卵形で赤色，長さ約8mm，9〜10月
　に成熟し，裂けると橙赤色の仮種皮が見える
冬芽：卵形で長さ2〜5mm，頂芽は1個
分布：日本，南千島，サハリンなど
用途：庭園・公園樹　㊥小真弓

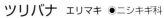

ツリバナ　エリマキ　●ニシキギ科
Euonymus oxyphyllus Miq.　**P.32　P.73　P.88**

山地に生える落葉樹，高さ4〜5m
葉：卵形〜長楕円形で長さ5〜10cm，先はとがり細鋸歯縁，対生する
花：淡緑色でやや紫色を帯び，5数からなり，径約8mm，5〜6月開花，集散花序につく
果実：径約12mmの球形，9〜10月赤熟，5裂，朱赤色の仮種皮に包まれていた種子が出る
冬芽：紡錘状円筒形，長さ6〜15mm
分布：日本，南千島，朝鮮，中国
用途：庭園・公園樹　㊥吊花

ヒロハツリバナ　●ニシキギ科
Euonymus macropterus Rupr.　**P.32　P.73　P.88**

山地に生える落葉樹，高さ4〜5m
葉：倒卵形〜倒卵状楕円形，長さ5〜12cm，先はとがり細鋸歯縁，対生する
花：淡緑黄色で4数性，径6mm，6〜7月開花
果実：横にはりだした4翼あり，幅約2.5cm，9〜10月に赤熟し，4裂する
冬芽：紡錘状円筒形で長さ15〜20mm
分布：北海道，本州中部以北，四国(剣山)，千島，サハリン，朝鮮など
用途：庭園・公園樹　㊥広葉吊花

オオツリバナ ●ニシキギ科
Euonymus planipes Koehne　P.32　P.73　P.88

山地に生える落葉樹, 高さ4～6m

葉：倒卵状楕円形～長楕円形で長さ7～13cm, 先はとがり細鋸歯縁, 対生

花：淡緑白色で径約8mm, 5数性, 5～6月に開花, 集散花序に10数個つき下垂する

果実：球形で中央部の側面に5個の狭い翼が出る, 径約1.5cm, 9～10月に赤熟, 5裂する

冬芽：紡錘状円筒形, 長さ14～20mm

分布：北海道, 本州中部以北, 南千島など

用途：庭園・公園樹　㊥大吊花

クロツリバナ　ムラサキツリバナ　●ニシキギ科
Euonymus tricarpus Koidz.　P.32　P.73　P.88

亜高山帯に生える落葉樹, 高さ4～5m

葉：楕円形で長さ5～12cm, 先は急にとがり細鋸歯縁, 上面の脈はくぼみしわがある, 対生

花：暗紫色で径約8mm, 5数性で, 集散花序に数個つける, 6～7月に開花

果実：やや心形で高さ約1cm, 基部近くに鎌状の3翼まれに4翼あり, 9～10月に赤く熟す

冬芽：紡錘状円筒形で長さ10～20mm

分布：北海道, 本州中部以北, サハリン

㊥黒吊花, 紫吊花

ミツバウツギ ●ミツバウツギ科
Staphylea bumalda DC. P.55 P.75 P.87

山地に生える落葉樹, 高さ4～5m
- **葉**：3出複葉, 小葉は長卵状楕円形で長さ3～7cm, 先はとがり低い鋸歯縁, 対生する
- **花**：頂生する花序に, 径約8mmの白色で平開しない花をつける, 5～6月に開花
- **果実**：さく果で扁平, 幅2～2.5cm, 9～10月に成熟し, 緑褐色になる
- **冬芽**：半円形～三角形で長さ3～4mm, 対生
- **分布**：日本, 朝鮮, 中国, 道内では中部以南
- **用途**：公園樹　㊈三葉空木

ミツデカエデ ●カエデ科(ムクロジ科)
Acer cissifolium K. Koch P.55 P.74 P.80

山地に生える落葉樹, 高さ15m
- **葉**：3出複葉, 小葉は長さ4～8cm, 縁は中部より先に粗い鋸歯あり, 先は尾状にとがる
- **花**：雌雄異株, 径8mmの黄色で総状花序につく, 花弁4, 5月開花
- **果実**：果序は下垂, 翼果は斜開し, 分果は長さ3cm, 無毛, 9～10月に成熟する
- **冬芽**：頂芽は1個, 卵形～広卵形で長さ3～6mm, 軟毛がある, 側芽は対生する
- **分布**：日本, 道内では中部以南
- **用途**：公園樹　㊈三手楓

雄花

雌花

ヤマモミジ ●カエデ科（ムクロジ科）
Acer palmatum var. matsumurae Makino　**P.50　P.74　P.80**

イロハモミジの変種で，山地に生える落葉樹，高さ5〜12m, 太さ30〜50cm, 秋に紅葉する

葉：径5〜11cm, 掌状で(5)7〜9に，中〜やや深裂し，裂片はとがり粗い重鋸歯がある．オオモミジは細鋸歯縁, 対生する

花：雄花と両性花，暗紅色で5弁，5月に開花

果実：翼果で斜開，分果は約2cm, 9〜10月成熟

冬芽：三角形で長さ1.5〜4mm, 仮頂芽は2個

分布：北海道，本州

用途：庭園・公園樹　㊌山紅葉

雄 花

イロハモミジ　モミジ ●カエデ科（ムクロジ科）
Acer palmatum Thunb.　**P.50　P.74　P.80**

庭や公園に植えられる落葉樹，高さ5〜10m

葉：径3〜6cmで掌状に5〜7深裂し，裂片は鋭尖頭，重鋸歯縁, 対生

花：暗紅色で5弁，雄花と両性花あり5月開花

果実：翼果で長さ約1.5cm, 9〜10月成熟

冬芽：三角形で長さ2mm, 仮頂芽は2個

分布：本州，四国，九州，朝鮮，中国

用途：庭園・公園樹　㊇Japanese maple

オオモミジ ●カエデ科（ムクロジ科）
Acer palmatum var. amoenum Ohwi　**P.50**

山地に生える落葉樹，高さ12m

葉：径5〜11cm, 掌状で通常7まれに9, 中やや深裂し，裂片はとがり，細鋸歯縁, 対

花：雄花と両性花，暗紅色で5弁，5月開花

果実：翼果で斜開，分果は約2cm, 9〜10月成

冬芽：三角形で長さ2〜4mm, 仮頂芽は2個

分布：日本，朝鮮

用途：庭園・公園樹　㊌大紅葉

ベニシダレ ●カエデ科(ムクロジ科)
Acer palmatum var. dissectum Koidz. **P.50**

イロハモミジの変種のヤマモミジから出たといわれる手向山、稲妻枝垂れなど、葉の色が春から秋まで紫紅色で、枝が垂れる品種の総称として用いられている

葉：7〜11裂し、裂片は腺状披針形で先は細くとがり、深く裂けて小羽片となり、細鋸歯縁

用途：庭園・公園樹　㊧紅枝垂

アオシダレ ●カエデ科(ムクロジ科)
Acer palmatum var. dissectum f. aosidare Nemoto **P.50**

ヤマモミジから出たとされる園芸品種、高さ2〜3m、庭などに植えられる

葉：7〜11裂し、裂片は腺状披針形で先は細くとがり、深く裂けて小羽片となり、細鋸歯縁、ベニシダレと同じような葉形だが、緑色で秋には黄葉する

用途：庭園・公園樹　㊧青枝垂

ノムラカエデ ノムラ ●カエデ科(ムクロジ科)
Acer palmatum var. sanguineum Nakai **P.50**

イロハモミジの変種のオオモミジから出たといわれる園芸品種、高さ約10mの落葉樹、庭や公園に植えられる

葉：春から秋まで紫紅色、径5〜10cm、掌状で5〜7に中〜深裂し、裂片は卵状披針形、先はとがり、鋸歯縁または全縁、対生

花：集散花序につき、雄花と両性花があり、暗紅色で5弁、5月に開花する

果実：翼果、分果は長さ約2cm、9〜10月成熟

用途：庭園・公園樹　㊧野村楓

ハウチワカエデ　メイゲツカエデ　●カエデ科(ムクロジ科)
Acer japonicum Thunb.　P.50　P.74　P.80

山地に生える落葉樹，高さ12m，秋に紅葉
葉：径7〜12cm，掌状に7〜11中裂，裂片の先
　　はとがり粗い重鋸歯縁，初め長白毛のち無毛
花：暗紅色で花弁5，雄花と両性花，5月開花
果実：翼果で斜めに開出，分果は長さ約2.5cm，
　　9〜10月成熟，初め有毛，後ほとんど無毛
冬芽：三角形で長さ4〜7mm，仮頂芽2個，対生
分布：北海道，本州
用途：庭園・公園樹
㊥羽団扇楓　㊥Fullmoon maple

雄花と両性花

クロビイタヤ　●カエデ科(ムクロジ科)
Acer miyabei Maxim.　P.49　P.74　P.80

山地に生える落葉樹，高さ15〜20m
葉：径7〜15cmの偏五角形，掌状に5中裂，先
　　は尾状にとがり中程に鈍鋸牙あり，基部心形
花：淡黄色で花弁5，雄花と両性花は別の散房
　　花序につく，5〜6月に開花
果実：翼果は水平に開く，汚黄色の毛がある．
　　分果は長さ2〜3cm，9〜10月に成熟
冬芽：頂芽1個，長卵形長さ3〜6mm，側芽対生
分布：北海道，本州(奥羽，中部地方)
用途：器具材，公園樹　㊥黒皮板屋

雄　花　　　　　　両性花

雄　花　　　　　両性花

イタヤカエデ　エゾイタヤ　●カエデ科(ムクロジ科)
Acer mono Maxim. (Acer pictim Thunb. ex Murray)　**P.49　P.74　P.80**

　平地から山地まで生える落葉樹，高さ 20 m
葉：径 5 〜 15 cmの偏五角形，5 〜 7 に中〜浅
　　裂，葉の裂け方，毛の有無などの変異が多い
花：径 6 mmで緑黄色，雄花と両性花，5 月開花
果実：翼果で分果の長さ 3 cm，9 〜 10 月成熟
冬芽：頂芽 1 個，卵形〜広卵形で長さ 4 〜 8 mm，
　　　側芽は対生する
分布：日本，サハリン，朝鮮，中国など
用途：公園・街路樹，器具・楽器材，スキー
㊗ 板屋楓　　㊥ Painted maple

雄　花　　　　　両性花

アカイタヤ　ベニイタヤ　●カエデ科(ムクロジ科)
Acer mono var. mayrii Koidz. (Acer mayrii Schwer.)　**P.49　P.74**

　イタヤカエデの変種で山地に生える落葉樹，
高さ 20 m，若葉は紅紫色，1 年枝と冬芽は無毛
葉：径 6 〜 14 cmの偏五角形，浅く 5 裂し，裂
　　片の先はとがり全縁，基部は浅心形〜切形
花：径約 6 mmの緑黄色で花弁 5，雄花と両性花
　　があり，5 月に開花する
果実：翼果で長さは 3 〜 4 cm，9 〜 10 月成熟
冬芽：頂芽 1 個，卵形長さ 5 〜 8 mm，側芽対生
分布：北海道，本州(東北，北陸，山陰地方)
用途：公園・街路樹，器具・楽器材，スキー

カラコギカエデ ●カエデ科(ムクロジ科)
Acer ginnala Maxim.　P.50　P.74　P.80

　湿地や原野に生える落葉樹, 高さ6～10m
葉：長さ5～10cmの卵形で基部近くで3浅～
　　中裂し, 欠刻状の重鋸歯あり, 先はとがる
花：円錐花序に黄緑白色で径5～7mmの花を
　　つける, 雄花と両性花がある, 5～6月開花
果実：翼果で長さ2.5～4cm, 9～10月成熟
冬芽：円錐形, 長さ2～3mm, 側芽対生
分布：日本, 朝鮮, 中国東北部, 東シベリア
用途：器具材, 公園樹
㊥鹿子木楓　㊤Amur maple

雄花と両性花

ミネカエデ ●カエデ科(ムクロジ科)
Acer tschonoskii Maxim.　P.49　P.74　P.80

　亜高山に生える落葉樹, 高さ3m, 黄葉する
葉：掌状に5中裂し, 長さ幅とも5～9cm, 裂
　　片は菱状卵形, 欠刻および重鋸歯あり, 先は
　　とがり基部心形, 葉柄2～5cm
花：淡黄色で径8～10mm, 花弁5, 雄花と両性
　　花があり総状花序につく, 6～7月開花
果実：翼果で長さ2～3cm, 9～10月成熟
冬芽：頂芽1個, 紡錘形で長さ5mm, 側芽対生
分布：北海道, 本州中部以北, 南千島
用途：庭園樹　㊥嶺楓

両性花　　　　　　　雄花

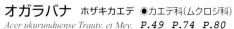

雄　花　　　　両性花

オガラバナ　ホザキカエデ　●カエデ科(ムクロジ科)
Acer ukurunduense Trauty. et Mey.　P.49　P.74　P.80

　山地から亜高山に生える落葉樹，高さ3～8m
葉：長さ7～14cmで掌状に5～7に浅～中裂
　する，裂片は重鋸歯があり，先はとがる
花：直立した花序に帯黄白色の花を密につけ
　る，雄花と両性花あり，花弁5, 6～7月開花
果実：翼果で長さ1.5～2cm, 9～10月成熟
冬芽：頂芽を1個つけ側芽は対生，卵形～長卵
　形で長さ6～10mm，芽鱗に毛が多い
分布：北海道，本州中部以北，四国，千島など
㊎麻幹花

ネグンドカエデ　トネリコバノカエデ　●カエデ科(ムクロジ科)
Acer negundo Linn.　P.56　P.74　P.80

　北アメリカ原産の落葉樹，高さ10～15m
葉：奇数羽状複葉で長さ14～25cm, 小葉は3
　～5～7, 長さ5～10cm, 少数の粗い鋸歯縁
花：雌雄異株，雄花の葯は紅黄色で散房状，雌
　花は黄緑色で総状につく，5月に開花
果実：果序は長さ10～25cm, 翼果は斜開し，
　分果は翼とともに2.5～3.5cm, 9月に成熟
冬芽：広卵形で長さ3～6mm, 側芽は対生
用途：公園・街路樹，生垣
㊨Ash-leaved maple, Box elder

雄　花　　　　雌　花

ギンヨウカエデ　ギンカエデ　●カエデ科(ムクロジ科)　*Acer saccharinum* Linn.　P.49　P.74

北アメリカ原産の落葉樹, 高さ20m, 道内でもまれに植えられる
葉：径7～15cmで掌状に5深裂, 長くとがり, 重鋸歯縁でさらに2～3浅裂, 裏面は銀白色～帯白色
花：雌雄異株, 帯黄緑色の花が束状につく, 花弁はなく, 5月に開花
果実：翼果はほぼ水平～斜開, 分果は長さ3～6cm, 9～10月成熟
冬芽：卵形で長さ3～6mm, 側芽は対生する
用途：公園樹　英 Silver maple

雌花

ギンヨウカエデ(左)ルブルムカエデ(右)

ルブルムカエデ　ベニカエデ　アメリカハナノキ
●カエデ科(ムクロジ科)　*Acer rubrum* Linn.　P.49　P.74

北アメリカ原産の落葉樹, 高さ15～20m
葉：長さ5～10cmで3～5中裂する, ふぞろいな鋸歯があり, 裏面は帯白色, 秋に紅葉する
花：雌雄異株, 橙紅色～濃紅色, 5月に開花
果実：翼果はほぼ水平～斜開, 分果は長さ約2cm, 9～10月に成熟
冬芽：頂芽1個, 卵形で長さ2～5mm, 側芽は対生する
用途：公園・街路樹, 生垣など
英 Red maple, Scarlet maple

雄花　　　　　雌花

サトウカエデ ●カエデ科(ムクロジ科) *Acer saccharum* Marsh. P.49 P.74

北アメリカ原産の落葉樹, 高さ20～30m, 葉はカナダ国旗に使われる
葉：径7～15cmで掌状に3～5裂し, 中央裂片は大きく, 縁は鋸歯状, 長柄があり, 対生する
花：下垂する円錐花序に, 緑黄色の小さな花を多数つける, 5月開花
果実：翼果はほぼ水平～斜開, 分果の長さ3～4cm, 9～10月成熟
冬芽：紡錘形で長さ6～12mm
用途：公園樹, カエデ糖をとる
㊥ Suger maple

ヨーロッパカエデ ノルウェーカエデ ●カエデ科(ムクロジ科) *Acer platanoides* Linn. P.49 P.74

ヨーロッパ原産の落葉樹, 高さ20m, 多くの品種があり, 道内ではおもに葉が通年紫褐色の品種クリムソンキングが植えられる
葉：径10～18cmで掌状に5裂, 裂片はとがり, 基部は心形, 粗い鋸歯縁または全縁, 対生する
花：黄緑色で雄花と雌花が同じ花序につく, 花弁5, 5月に開花
果実：翼果は水平に開く, 分果は長さ約4cm, 9～10月に成熟する
冬芽：長卵形で長さ6～8mm
用途：公園・庭園・街路樹など
㊥ Plane maple, Norway maple

コハウチワカエデ　イタヤメイゲツ　●カエデ科(ムクロジ科)
Acer sieboldianum Miq.　**P.50　P.74　P.80**

　山地に生える落葉樹, 高さ 10 m
- **葉**：径 5 〜 8 cm で掌状に 7 〜 11 裂, 対生する
- **花**：淡黄色で 5 弁, 雄花と両性花, 5 月開花
- **果実**：翼果はほぼ水平に開き, 分果は長さ 2 cm
- **冬芽**：三角形で長さ 2 〜 4 mm, 1 年枝に毛あり
- **分布**：日本, 道内ではまれ
- **用途**：庭園・公園樹

チドリノキ　●カエデ科(ムクロジ科)
Acer carpinifolium Sieb. et Zucc.　**P.81**

　山地の谷間などに生える落葉樹, 高さ約 10 m
- **葉**：長楕円形で長さ 7 〜 15 cm, 対生
- **花**：雌雄異株, 淡緑色で径約 1 cm, 5 月に開花
- **果実**：翼果は斜めに開き, 分果の長さ約 3 cm
- **冬芽**：長卵形で長さ 5 〜 10 mm, 仮頂芽 2 個
- **分布**：本州, 四国, 九州, 道内にもあるといわれるが, 自生地は不明

セイヨウトチノキ　マロニエ　●トチノキ科
Aesculus hippocastanum Linn.　**P.52　P.73　P.79**

　ヨーロッパ原産の落葉樹, 高さ 20 m, 道内でもまれに植えられる
- **葉**：長さ 15 〜 25 cm の掌状複葉, 小葉 5 〜 7, 倒卵形で鈍重鋸歯縁
- **花**：長さ 18 〜 30 cm の円錐花序に白色の花を多数つける, 花弁 4 〜 5, 径約 1.5 cm, 基部に紅斑か黄斑がある, 5 〜 6 月に開花する
- **果実**：球形で表面に刺がある, 径約 5 cm, 10 月に成熟し, 淡黄褐色
- **冬芽**：頂芽は卵形〜長卵形で長さ 10 〜 25 mm, 側芽は対生, 粘る
- **用途**：公園・街路樹
- 英 Common horse chestnut

トチノキ ●トチノキ科
Aesculus turbinata Blume　P.52　P.73　P.79

　山の谷間に多く生える落葉樹, 高さ 20 〜 25 m
葉：長さ 20 〜 40 cm の掌状複葉, 小葉 5 〜 7,
　　中央のものが最大で狭倒卵形, 対生
花：白色で基部は淡紅色おびる, 径約 1.5 cm,
　　花弁 4, 雄花と両性花がある, 5 〜 6 月開花
果実：倒卵球形で径 4 cm, 10 月成熟し黄褐色
冬芽：長卵形で長さ 10 〜 30 mm, 樹脂で粘る
分布：日本, 本道では西南部以南に自生する
用途：公園・街路樹, 器具材など, トチ餅
㊌ 栃の木　㊇ Japanese horse chestnut

トチノキとセイヨウトチノキ(右)

ベニバナトチノキ ●トチノキ科 *Aesculus carnea* Hayne　P.52　P.73

セイヨウトチノキとアカバナアメリカトチノキの雑種で，高さ5～10mの落葉樹，まれに植えられる
葉：長さ15～20cmの掌状複葉，小葉5～7，倒卵形で波状鋸歯縁
花：長さ約20cmの花序に朱紅色の花を多数つける，5～6月開花
果実：球形で径5cm，10月に成熟
冬芽：頂芽は卵形～長卵形で長さ10～25mm，側芽対生，粘らない
用途：庭園・公園樹
英 Red-flowered horse chestnut

クマヤナギ　●クロウメモドキ科
Berchemia racemosa Sieb. et Zucc.　P.38　P.72　P.85

原野や山地に生え，落葉するつる性木本
葉：卵形～長楕円形で長さ4～6cm，ほぼ全縁，基部ほぼ円形，7～8対の側脈
花：円錐花序に緑白色で径約4mmの小さな花を多数つける，8～9月に開花
果実：長楕円形で長さ5～7mm，赤色で後に黒色，翌年の8月頃成熟
冬芽：楕円形で長さ1～2mm，枝に伏生，互生
分布：日本，沖縄，本道では胆振地方にある
用途：葉を薬用　漢 熊柳

エゾクロウメモドキ　●クロウメモドキ科
Rhamnus japonica Maxim.　*P.33*　*P.64*　*P.85*

　山地や原野に生える落葉樹，高さ3〜7m，枝先に刺（茎針）がある
葉：倒卵形で長さ5〜10cm，幅2〜4cm，細鋸歯縁，やや鈍頭で基部くさび形，クロウメモドキ（var. decipiens）は長さ2〜6cm
花：雌雄異株，淡黄緑色で葉のわきに束生，径約4mm，4〜6月に開花
果実：倒卵状球形で径6〜7mm，9月に黒熟
冬芽：卵形で先はとがる，長さ3〜5mm，対生
分布：日本　用途：果実を薬用　漢　黒梅擬

雄花　　　雌花

ミヤマハンモドキ　ユウバリノキ　●クロウメモドキ科
Rhamnus ishidae Miyabe et Kudo　*P.35*　*P.64*　*P.85*

　蛇紋岩や石灰岩などの山地に生えるまれな落葉樹，高さ1m，ややほふく性
葉：楕円形〜広卵形で長さ4〜8cm，鈍頭〜ほぼ円頭，細鋸歯縁，基部円〜やや浅心形，互生
花：雌雄異株，淡黄緑色で径約4mm，花弁なし，がく片は5個，6〜7月に開花
果実：倒卵状球形で径約7mm，赤色で後に黒色，光沢がある，9月に成熟
冬芽：長卵形で先はとがる，長さ3〜7mm
分布：北海道（夕張山系，日高山系）

雄花　　　雌花

ケンポナシ ●クロウメモドキ科
Hovenia dulcis Thunb.　P.33　P.70　P.85

山地に生える落葉樹，高さ20m
葉：広卵形で長さ10～20cm，低い鋸歯縁，質やや薄い，脈は基部で3分し下面に凸出，互生
花：集散花序に淡緑白色で径7mmの花をつける，7月に開花する
果実：球形で径7mm，9～10月に黒紫色に熟す，果柄は肥厚して甘味があり食べられる
冬芽：広卵形～円錐形で長さ2～4mm
分布：日本，本道では奥尻島にあるといわれる
用途：公園樹　㊋玄圃梨

ヤマブドウ ●ブドウ科　*Vitis coignetiae* Pulliat　P.48　P.72　P.87

平地～山地に生える落葉つる性木本，他木にからみつく
葉：五角状円心形で長さ10～25cm，3(～5)裂，基部深い心形，裏面に赤褐色のくも毛あり，互生
花：雌雄異株，淡黄緑色で径4～6mmの花を多数つける，6月開花
果実：球形で径8～10mm，10月に紫黒色に熟す
冬芽：扁平な卵形で長さ5～9mm
分布：北海道，本州，四国，南千島，サハリン
用途：果実は食用，ワインの原料
㊋山葡萄

雄花

雌花

エビヅル ●ブドウ科
Vitis ficifolia var. lobata Nakai　P.54　P.72　P.87

　山野に生える落葉つる性木本,巻きひげがある
葉：長さ5〜15cm,3〜5に浅〜中裂,まばら
　　な鋸歯縁,基部心形,裏面赤褐色のくも毛
花：雌雄異株,長さ6〜12cmの円錐花序に帯
　　黄白色で径4〜6mmの花を多数つける,7〜
　　8月に開花する
果実：球形で径約6mm,10月に黒く熟す
冬芽：円錐形で先はとがり長さ1〜3mm,互生
分布：日本,朝鮮,中国,本道では南部に自生
用途：果実は食用　㊊海老蔓

サンカクヅル　ギョウジャノミズ ●ブドウ科
Vitis flexuosa Thunb.　P.54　P.72　P.87

　山野に生える落葉つる性木本,巻きひげがある
葉：心状三角形で長さ4〜9cm,低い牙状鋸歯
　　縁がある,質はやや薄く,葉柄2〜5cm
花：雌雄異株,長さ4〜9cmの円錐花序に,淡
　　黄色の小さな花を多数つける,6〜7月開花
果実：球形で径約7mm,藍黒色で10月に成熟
冬芽：円錐形で先はとがり長さ1〜3mm,互生
分布：日本,朝鮮,中国,本道では南部に自生
用途：果実を食用

㊊三角蔓

ノブドウ ●ブドウ科

Ampelopsis brevipedunculata Trautv.　*P.54　P.72　P.87*

山地や原野などに生える，落葉つる性木本

葉：ほぼ円形で径4〜12cm，通常3〜5裂，基部は心形，鋸歯縁，互生する

花：集散花序を出し，黄白色で径約4mmの花を多数つける，花弁5，7〜8月開花

果実：球形で径6〜8mm，淡緑色から紫色をおび，碧色になる，9〜10月に成熟

冬芽：半球形で長さ2〜3mm

分布：日本，沖縄，南千島，サハリンなど

㊎野葡萄

ツタ　ナツヅタ　●ブドウ科

Parthenocissus tricuspidata Planch.　*P.54　P.72　P.87*

山野に生え，木や岸壁，石垣などにはい登る，つる性木本，秋に紅葉し，落葉する

葉：短枝の葉はやや厚く長さ5〜15cmの広卵形で3裂，長枝の葉は小さく，ときに3出葉

花：黄緑白色で径5〜7mm，7月頃開花

果実：球形で径6mm，10月に紫黒色に熟す

冬芽：円錐形で先はとがり長さ2mm，互生

分布：日本，中国，本道では主に石狩以南

用途：庭園樹，壁や塀などにはわせる

㊎蔦　㊎Japanese creeper, Boston ivy

シナノキ　アカジナ　●シナノキ科
Tilia japonica Simonkai　**P.36　P.64　P.80**

山地に生える落葉樹，高さ 20 m
葉：心円形で長さ幅とも 4 〜 10 cm，先は急に
　　尾状にとがる，鋭鋸歯縁，基部は心形，無毛
花：淡黄色で径約 1 cm，6 〜 7 月に開花
果実：やや球形で長さ約 5 mm，灰褐色で短毛を
　　密生，10 月頃に成熟
冬芽：広卵形で長さ 7 〜 10 mm，無毛，互生
分布：日本，中国
用途：公園・街路樹，建築・器具材，ベニヤ材
㊊ 科の木　　㊅ Japanese linden

オオバボダイジュ　アオジナ　●シナノキ科
Tilia maximowicziana Shirasawa　P.36　P.64　P.80

山地に生える落葉樹, 高さ20m
葉：心円形で長さ7〜18cm, 先は尾状にとがり鋭鋸歯縁, 基部心形, 裏面星状毛密生, モイワボダイジュ(var. yesoana)は毛が少ない
花：淡黄色で径約1cm, 6〜7月に開花
果実：球形で径約1cm, 黄褐毛を密生, 10月成熟
冬芽：広卵形で長さ5〜10mm, 細軟毛, 互生
分布：北海道, 本州中部以北
用途：公園・街路樹, 建築・器具材, ベニヤ材
㊈大葉菩提樹

サルナシ　コクワ　シラクチヅル　●マタタビ科
Actinidia arguta Planch.　P.26　P.72　P.86

山林中に生え, 落葉するつる性木本
葉：楕円形〜広楕円形で長さ5〜12cm, 基部は円〜やや心形, 刺状鋸歯縁, 光沢あり
花：雄株と両性花がある, 径1.5〜2cmで白色, 花弁5, 6〜7月に開花
果実：広楕円形長さ2cm, 10月に熟し緑黄色
冬芽：葉枕の内部に隠れて見えない, 互生
分布：日本, 南千島, サハリン, 朝鮮, 中国
用途：果実を食用, ジャム, 果実酒など, 盆栽
㊈猿梨　㊇Tore vine

両性花

雄花

マタタビ ●マタタビ科
Actinidia polygama Maxim.　P.29　P.72　P.86

山林中に生える，落葉つる性木本
葉：卵形で長さ6〜12cm，先はとがり鋸歯縁，
　　基部は円形〜浅心形，時に白くなる，互生
花：雄株と両性花，白色5弁で径3cm，7月開花
果実：長楕円形で先はとがり，長さ2.5〜3cm，
　　9〜10月に黄緑色〜黄褐色に熟す
冬芽：葉枕内に隠れ先端部だけがみえる
分布：日本，朝鮮，中国，ウスリー
用途：若葉を食用，果実を生食，果実酒，虫こぶ
　　の果実を薬用　㊉木天蓼

雄　花　　両性花

ミヤママタタビ ●マタタビ科　*Actinidia kolomikta* Maxim.　P.29　P.72　P.86

山地や北地の山中に生える，落葉　　果実：長楕円形で長さ1.5〜2cm，
つる性木本で，他木にからみつく　　　　10月頃黄緑色に熟す
葉：長楕円形で長さ5〜10cm，基　　冬芽：葉枕内に隠れて見えない
　　部心形，細鋸歯縁，時に枝の上部　　分布：北海道，本州中部以北，南
　　の葉は白色で赤味を帯びる，互生　　　千島，サハリン，中国など
花：雄株と両性花，白色で径約1.5　　用途：果実を食用，果実酒など
　　cm，花弁5まれに4，6〜7月開花　　㊉深山木天蓼

　　　　　　　　　両性花　　　　　　　　雄　花

ムクゲ　●アオイ科
Hibiscus syriacus Linn.　P.37　P.70　P.82

中国原産の落葉樹，高さ3〜5m
葉：卵形〜卵状菱形で長さ4〜10cm，3浅裂，
　少数の粗い鋸歯あり，基部くさび形，互生
花：径5〜7cm，8月に開花，多くの園芸品種
　があり，花色は紅，白，紫，桃など，花弁は
　通常5だが八重咲きもある
果実：卵円形で径約2cm，10月成熟し，黄褐色
冬芽：塊状で長さ1〜3mm
用途：庭園・公園樹，生垣，花材
㋕木槿　㋺ Rose of sharon

日の丸

八重咲き　　　　　八重咲き

白　花

ナツツバキ　シャラノキ　●ツバキ科
Stewartia pseudo-camellia Maxim.　**P.32　P.64　P.88**

街路・公園に植栽される落葉樹．高さ15 m
葉：長楕円形で長さ6〜12 cm，先はとがり，小鋸歯縁，裏面に白色の絹毛，質やや厚い，互生
花：白色で径5〜6 cm，7〜8月に開花する
果実：五角状卵形で先はとがり長さ15〜20 mm，10月に成熟，赤褐色になり5弁に裂開
冬芽：紡錘形で扁平，長さ9〜13 mm
分布：本州，四国，九州
用途：庭園・公園・街路樹，床柱，器具材など
㊆夏椿　㊇Deciduous camellia

キンシバイ　●オトギリソウ科
Hypericum patulum Thunb.　**P.41**

中国原産で常緑または落葉，幹は叢生，道内では冬に地上部が枯れることがある．高さ1 m
葉：卵状長楕円形〜長楕円形，長さ2〜4 cm，先はやや円く全縁，対生で茎に接するところで接着して一平面に並ぶ
花：黄色で径約3 cm，花弁5，枝先につき，6〜7月に開花する
果実：さく果は卵形で長さ約1 cm，がくと花柱が宿存，5片に胞間裂開，9〜10月に成熟
用途：庭園・公園樹　㊆金糸梅

コボーズオトギリ ●オトギリソウ科
Hypericum androsaemus Linn. **P.41**

ヨーロッパ・西アジア原産の半常緑樹，幹は叢生，道内ではまれに植えられ，冬に地上部が枯れて春に萌芽することが多い，高さ約1m
葉：卵形～卵状長楕円形で長さ5～8cm，全縁で基部心形，裏面帯白色で細小腺点あり，対生
花：径約2.5cmの黄色で花弁5，単生または集散花序につき，6～8月に開花
果実：径6～8mmの球形で，初め赤くのち黒紫色，9～10月に成熟
用途：庭園・公園樹

ギョリュウ ●ギョリュウ科 *Tamarix chinensis* Lour. **P.23 P.67**

中国原産の落葉樹，高さ5～7m，庭や公園などに植えられる，枝は細く多数分岐する
葉：長さ約1cmの鱗片葉，先はやや とがり，互生する，淡緑色または青緑色，細枝は緑色，ヒノキの仲間のように見える
花：複総状花序に多数つける，淡紅色で径約4mm，花弁5，6月と8月の2回，または1回開花する
果実：さく果は約3mmで3裂する
冬芽：球形～広卵形で長さ1mm
用途：庭園・公園樹，花材
㊥ 御柳　㊥ Juniper tamarix

キブシ ●キブシ科
Stachyurus praecox Sieb. et Zucc. **P.37 P.67 P.88**

道南の山地に生える落葉樹，高さ3m
葉：卵形〜卵状楕円形で長さ6〜12cm，先は長くとがり鋸歯縁，基部はやや円い
花：雌雄異株，長さ4〜10cmの下垂した花穂につく，淡黄色で鐘形，長さ約7mm，花弁4，4〜5月に開花
果実：広楕円形長さ8mm，10月成熟し緑黄色
冬芽：三角形〜円錐形で長さ2〜3mm，互生
分布：日本，台湾，中国など，本道は南部
用途：庭園樹，花材，楊子，染料　漢 木五倍子

雄花　　雌花

ナニワズ　エゾオニシバリ　ナツボウズ　●ジンチョウゲ科
Daphne kamtschatica var. jezoensis Ohwi **P.41 P.72 P.80**

林内に生える低木で高さ0.5m，夏に落葉するのでナツボウズともいう，果実は有毒
葉：倒披針形で長さ4〜8cm，先は円く全縁，質は薄い，互生，新葉は秋に出て冬を越す
花：雌雄異株，径約6mmで黄緑色〜黄色，4〜5月開花，花弁のように見えるのはがく片
果実：楕円形で長さ8〜10mm，9月頃赤熟
分布：北海道，本州中部以北，千島，サハリン，カムチャツカなど
用途：庭園・公園樹

カラスシキミ ●ジンチョウゲ科
Daphne miyabeana Makino　**P.40**

山林内に生える常緑樹，高さ約 0.5 m
葉：倒披針形で長さ 5 〜 10 cm，基部はくさび形，やや薄い革質で，上面に光沢がある，互生
花：雌雄異株，白色で径約 8 mm，6 〜 7 月に開花，若枝の先に数個つく
果実：楕円形で径約 8 mm，7 〜 8 月に赤く熟す
分布：北海道，本州（山陰以東の日本海側）
用途：庭園樹

ヒッポファエ ●グミ科
Hippophae rhamnoides L.　**P.80**

高さ 2 m の落葉樹，枝はやや銀白色を帯て長さ 5 〜 25 mm の刺があり，枝先も針状になる
葉：披針形で長さ 4 〜 7 cm，表面に銀白色の片があり，裏も銀白緑色，互生する
花：雌雄異株，帯黄色で目立たない，5 月開花
果実：橙色，橙黄色で径約 8 mm，8 〜 9 月成熟
分布：中国北部〜ヨーロッパ
用途：庭園樹，果実を利用　㊅ Sallow thorn

アキグミ ●グミ科
Elaeagnus umbellata Thunb.　**P.37　P.68　P.80**

山野に生える落葉樹，高さ 2 〜 3 m
葉：長楕円状披針形で長さ 4 〜 8 cm，全縁，裏面は銀白色の鱗片を密生，互生する
花：淡黄色で径約 6 mm，5 〜 6 月開花
果実：ほぼ球形で径 6 〜 8 mm，9 〜 10 月赤熟
冬芽：裸芽で互生し，頂芽は広卵形〜円錐形で先はとがり，長さ 3 〜 7 mm
分布：日本，沖縄，朝鮮，中国，本道は西部
用途：庭園樹，砂防用
㊊ 秋茱萸　㊅ Silver thorn

ナツグミ ●グミ科
Elaeagnus multiflora Thunb.　P.37　P.68　P.80

山野に生える落葉樹, 高さ3～5m
葉：倒卵状長楕円形で長さ3～10cm, 表面に初め灰白色の鱗片と鱗毛あり, 裏面に銀色と褐色の鱗片あり, トウグミ(var. hortensis)は葉の表面に鱗片がなく早く落ちる星状毛あり
花：淡黄色で径6～8mm, 5～6月に開花
果実：広楕円形長さ12～17mm, 7～8月赤熟
冬芽：裸芽で互生, 頂芽は長さ6～10mm
分布：本州, 四国, 本道南部にトウグミが自生
用途：庭園・公園樹, 果実を食用　㊊夏茱萸

ウリノキ ●ウリノキ科
Alangium platanifolium var. trilobum Ohwi　P.48　P.64　P.84

山地に生え, 林内に多い落葉樹, 高さ5m
葉：長さ10～20cmで3～5浅裂し, 裂片は低3角状で先はとがる, 裏面有毛
花：白色で花弁の長さ3～3.5cm, 線形で6個, 先は外に巻く, 6月に開花
果実：楕円形で長さ7～8mm, 9～10月青藍色に熟す
冬芽：卵形でやや扁平し先はやや円い, 長さ3～4mm, 灰褐色の長毛と副芽がある, 互生
分布：日本, 朝鮮, 中国　㊊瓜の木

タラノキ　タランボ　●ウコギ科
Aralia elata Seem.　P.56　P.68　P.89

日当りの良い所に生える落葉樹，高さ4m，枝や幹に刺がある．メダラ（var. canescens）は刺が少なく，葉裏に密に淡褐色の縮毛がある

葉：二回羽状複葉で長さ50〜100cm，互生して枝先に集まる，小葉は5〜9で，鋸歯縁
花：黄白色径3mm，大きな花序につく，8月開花
果実：径3mm内外の球形で，10月頃黒く熟す
冬芽：仮頂芽は円錐状卵形で長さ10〜15mm
分布：日本，サハリン，朝鮮，中国東北部など
用途：若芽を食用，樹皮を薬用

キヅタ　フユヅタ　●ウコギ科
Hedera rhombea Bean

山野に生え，気根を出して木や岩に登る，常緑のつる性木本，道内では奥尻島に自生する

葉：卵円形〜卵状披針形で長さ3〜7cm，全縁，若葉の葉は3〜5角形，やや浅裂し基部はやや心形，やや厚く光沢あり，互生する
花：黄緑色で径約5mm，花弁5，球形の散形花序につき，10〜11月に開花
果実：球形で径6〜7mm，翌春に黒く熟する
分布：日本，沖縄，朝鮮，台湾，中国
用途：庭園樹　㊥木蔦

エゾウコギ ●ウコギ科
Acanthopanax senticosus Harms　P.52　P.68　P.89

　山地に生える落葉樹, 高さ2.5m, 幹に刺あり
葉：掌状複葉, 小葉5, 倒卵状楕円形で長さ6
　　〜10cm, 細重鋸歯縁, 刺や毛があり, 互生
花：淡黄白色で径約5mm, 5弁, 径3〜4cmの
　　球状に集まる, 8月頃に開花
果実：やや楕円形で長さ約6mm, 9〜10月に
　　黒紫色に熟す
冬芽：卵形〜長卵形で長さ4〜12mm
分布：北海道東部, サハリン, 朝鮮, 中国など
用途：薬用　㊍蝦夷五加

ケヤマウコギ　オニウコギ　●ウコギ科
Acanthopanax divaricatus Seem.　P.52　P.68　P.89

　山地や原野に生える落葉樹, 高さ3〜5m,
枝に幅広い刺状突起がある
葉：掌状複葉, 小葉は5, 倒卵状長楕円形で長さ
　　4〜10cm, 細重鋸歯縁, 上面脈上と裏面有毛
花：帯緑白色で径5mm, 5弁, 径約4cmの球状
　　につく, 頂生の花序は両性花, 他は雄性で小
　　さい, 8〜9月に開花
果実：球形で径約8mm, 9〜10月に黒く熟す
冬芽：球形〜円錐形で長さ2〜4mm, 互生
分布：日本, 朝鮮, 中国北部　㊍毛山五加

ヒメウコギ　ウコギ　●ウコギ科　*Acanthopanax sieboldianus Makino*　P.52　P.68

中国原産の落葉樹, 高さ3m, 枝には刺がある. 庭に栽培される
葉：掌状複葉, 小葉は通常5, 倒披針形で長さ2〜7cm, 数個のやや粗い鋸歯縁, 互生する
花：雌雄異株, 淡黄緑色で径6mm, 散形花序につく, 6月頃に開花
果実：球形で径約7mm, 5〜7稜あり, 10月に黒く熟す
冬芽：円錐状球形で長さ2〜3mm
用途：生垣, 若葉を食用, 根を薬用
㊸姫五加

コシアブラ　ゴンゼツ　アブラホウ　●ウコギ科
Acanthopanax sciadophylloides Franch. et Savat.　P.52　P.68　P.89

山地に生える落葉樹, 高さ15mになる
葉：掌状複葉, 小葉5, 倒卵状長楕円形で中央片が最も大きく, 長さ10〜20cm, 鋭鋸歯縁, 先は急にとがる, 互生する
花：黄緑白色で径約5mm, 花弁5, 開出してそりかえる. 8〜9月に開花. 散形花序につく
果実：球形でやや扁平で径5mm, 10月に黒熟
冬芽：頂芽は円錐形で, 長さ5〜8mm
分布：日本
用途：器具材, 楊子, マッチ材

タカノツメ ●ウコギ科
Evodiopanax innovans Nakai　P.55　P.68　P.89

道南の山地に生える落葉樹，高さ10m
葉：短枝に集まってつき，小葉は通常3，まれに1～2，長楕円形，先はとがり微細な鋸歯縁，長さ5～14cm，質は薄い
花：雌雄異株，淡黄緑色で花弁は4～5枚，6～7月に開花，散房状円錐形の花序につく
果実：球形で径約5mm，10月に黒熟する
冬芽：頂芽は卵形～円錐形で，長さ4～9mm
分布：日本，本道では南部に自生する
用途：楊子，マッチ材，箱材など

ハリブキ ●ウコギ科　*Oplopanax japonicus Nakai*　P.48　P.68　P.89

山地の樹林下に生える落葉樹，高さ50cm，幹に細長い刺針が密生
葉：円形～円心形で径20～40cm，掌状に7～9裂し，裂片は欠刻状重鋸歯縁，脈上に刺針がある
花：雌雄異株，緑白色で径5mm，茎頂に直立する円錐状の花序に多数つく，6～7月に開花する
果実：倒卵円形でやや扁平し，長さ約6mm，8～9月に赤く熟す
冬芽：広卵形で長さ4～7mm
分布：北海道(石狩以南)，本州(中部以北，紀伊半島)，四国
用途：薬用　㊉針蕗

ハリギリ　センノキ　●ウコギ科
Kalopanax pictus Nakai　*P.52　P.68　P.89*

山地に生える落葉樹，高さ20m，枝に刺あり
葉：枝先に集まって互生し，葉身は径10〜30
　　cm，5〜9に浅〜中裂，細鋸歯縁
花：淡黄緑色で径5mm，7〜8月に開花，総状
　　の散形花序に多数つく
果実：球形で径4〜5mm，10月頃に黒く熟す
冬芽：頂芽は半球形〜卵形，長さ5〜9mm
分布：日本，南千島，サハリン，朝鮮，中国
用途：建築・家具・器具材，公園樹など
㊥針桐　㊤ Caster aralia

ヒメアオキ ●ミズキ科
Aucuba japonica var. borealis Miyabe et Kudo P.40 P.90

　林内に生える常緑樹，高さ0.5～1mでややほふくする，枝は緑色，母種アオキは樹高が2mと大型で葉も大きい
葉：長楕円形で長さ8～15cm，先はとがりまばらな鋸歯縁，質厚く光沢ある，対生する
花：雌雄異株，茎頂の円錐花序につき，通常紫褐色，時に緑色，径約6mm，5月に開花
果実：楕円形で長さ10～20mm，10月頃赤熟
分布：北海道(西南部)，本州(日本海側)
用途：庭園・公園樹　㋾姫青木

雄花

雌花

ハナイカダ ●ミズキ科
Helwingia japonica F. G. Dietr. P.33 P.70 P.89

　山の谷間や樹林下に生える落葉樹，高さ2m
葉：楕円形で長さ6～12cm，側脈4～5対，低い鋸歯縁，先はとがり基部はくさび形，葉柄は長さ2～4cm，互生する
花：雌雄異株，花は葉の中央につき，淡緑色，径4～5mm，花弁3～4，5～6月に開花
果実：径約7mmの楕円形，9～10月に黒く熟す
冬芽：頂芽は卵形～球形で長さ4～6mm
分布：日本，中国，本道は南部に自生
用途：庭園樹，花材，若葉を食用　㋾花筏

雄花

雌花

ミズキ ●ミズキ科
Cornus controversa Hemsley P.33 P.75 P.89

山地に生える落葉樹，高さ 15～20m，枝は放射状に出て階段状になり，紅紫色～暗紅色
葉：広卵形～楕円形で長さ 6～15 cm，全縁，先は急にとがる，側脈は明瞭で 6～9 対，互生
花：白色径 6 mm，花序に多数つく，6～7 月開花
果実：球形で径 6～7 mm，9～10 月に黒熟
冬芽：長卵形～楕円状卵形で長さ 7～10 mm
分布：日本，朝鮮，中国
用途：街路・公園樹，器具材，こけしなど
㊊ 水木 ㊥ Table dogwood

アメリカヤマボウシ ハナミズキ ●ミズキ科 *Cornus florida Linn.* P.33 P.75

北アメリカ原産の落葉樹，高さ約 5m，多くの変種・品種がある
葉：楕円形～卵円形で長さ 6～12 cm，先はとがり全縁，対生
花：総苞は白色で 4，径 4～6 cm，花は黄緑色で小さく，球状に数十個が集合，5 月開花，総苞が紅色のものはベニバナハナミズキ
果実：卵球形で径約 7 mm，深紅色に熟すが，道内はまれ
冬芽：卵形で長さ 3～7 mm，花芽は円盤状で幅 6 mm，側芽は対生
用途：庭園・公園・街路樹
㊊ 花水木 ㊥ Flowering dogwood

ベニバナハナミズキ

ヤマボウシ ●ミズキ科
Cornus kousa Buerger, ex Hance P.33 P.75 P.89

　高さ10mになる落葉樹
葉：楕円形で長さ4〜12cm,全縁
花：総苞は4片,長さ3〜6cm,白色〜淡紅色,
　　花は淡黄色で球状に数十個集合,6〜7月開花
果実：径1.5cmの球形で肉質,10月に赤熟
冬芽：頂芽は卵形で長さ2〜3mm,花芽はほぼ
　　　球形で先は鋭くとがり長さ5〜7mm,対生
分布：本州,四国,九州,沖縄,朝鮮,中国
用途：公園樹,器具材,果実は食用
㊅ 山法師　　㊈ Japanese strawberry tree

サンゴミズキ　シベリアミズキ ●ミズキ科
Cornus alba var. sibirica Loud. P.33 P.75 P.89

　落葉樹で高さ3〜5m,冬は枝が真っ赤にな
る,母種はシラタマミズキで多くの品種がある
葉：楕円形〜広楕円形で長さ3〜10cm,全縁,
　　側脈6対,裏面は青白色で長毛密生,対生
花：帯黄白色で径6mm,花弁4,5〜6月開花
果実：楕円形で乳白色,径約6mm,10月成熟
冬芽：披針形で先はとがる,長さ7〜12mm
分布：サハリン,朝鮮,中国,シベリア,蒙古
用途：公園・庭園樹,花材
㊅ 珊瑚水木　　㊈ Siberian dogwood

サンシュユ ●ミズキ科
Cornus officinalis Sieb. et Zucc.　*P.33　P.75　P.90*

朝鮮や中国原産の落葉樹で高さ約8m
葉：卵形～狭楕円形で長さ4～10cm，全縁，側脈5～7対，先はやや急にとがる，対生する
花：黄色で径約8mm，花弁4，散状花序につく，5月に葉より先に開花
果実：長楕円形で長さ約1.5cm，9～10月に赤く熟する
冬芽：長卵形で先はとがりやや扁平，長さ2.5～4mm，花芽は球形で先はとがり径4mm
用途：庭園・公園樹，薬用　㊅山茱萸

リョウブ ●リョウブ科
Clethra barbinervis Sieb. et Zucc.　*P.37　P.70　P.90*

道南の山中に生える落葉樹，高さ5～8m
葉：倒卵形～倒卵状長楕円形で長さ8～12cm，先はとがり鋭鋸歯縁，側脈8～15対，互生
花：総状花序を円錐状にだし，径6mmの白色の花を多数つける，花弁は5，8～9月開花
果実：さく果は扁球形で径4mm，毛が密生し，10月に褐色に熟す
冬芽：頂芽は円錐形で長さ3～7mm，裸出
分布：日本，朝鮮，中国，本道は南部
用途：公園樹，器具材

ミヤマホツツジ ●ツツジ科 *Tripetaleia bracteata* Maxim. P.42 P.71

亜高山に生える落葉樹, 高さ1m
葉：狭倒卵形〜へら形で長さ3〜6cm, 全縁, 下部へ次第に狭くなる
花：径約2cmの白色, 花冠は3裂し裂片はそりかえる, 7〜8月に開花, 花序に苞葉がある
果実：扁球形で径5mm, 9〜10月成熟, 柄はない, 淡褐色になる
冬芽：長卵形〜三角状卵形で先はとがり, 長さ3〜6mm, 互生
分布：北海道, 本州中部以北など
㊊ 深山穂躑躅

ホツツジ ●ツツジ科 *Tripetaleia paniculata* Sieb. et Zucc. P.42 P.71 P.91

日当りのよい山地に生える落葉樹, 高さ1〜2m, 枝に3稜ある
葉：倒卵形〜楕円形で長さ3〜7cm, 先はとがる, 下部はとがって長さ1〜2mmの柄となる, 互生
花：淡紅白色, 花冠は径約1.5cm, 3裂しそりかえる, 円錐花序につき, 7〜8月に開花
果実：扁球形で径3mm, 柄は1mm, 9〜10月成熟し褐色になる
冬芽：卵形で先は鋭くとがり長さ4〜6mm, 側芽は先端に集中する
分布：日本, 本道では南部
用途：公園樹　㊊ 穂躑躅

コヨウラクツツジ ●ツツジ科
Menziesia pentandra Maxim.　P.42　P.71　P.91

亜高山に生える落葉樹，高さ2m，枝はやや輪生
葉：楕円形〜長楕円形で長さ2.5〜5.5cm，先はとがり全縁で有毛，互生し枝先に集まる
花：黄緑色〜赤紫色の壺状で5裂，長さ約6mm，花柄に腺毛，5〜6月開花
果実：球形で長さ4mm，花柱が残る，9月成熟
冬芽：葉芽は紡錘形で長さ3〜6mm，花芽はほぼ球形で5〜6mm
分布：北海道，本州，四国，南千島，サハリン
用途：庭園樹　㊊小瓔珞躑躅

ウラジロヨウラク ツリガネツツジ ●ツツジ科 *Menziesia multiflora* Maxim.　P.42　P.71　P.91

山地に生える落葉樹，高さ約1m
葉：倒卵形で長さ3〜7cm，縁に長毛，裏面緑白色，互生し枝先に集まってやや輪生状につく
花：長さ1.5cmの筒状で先は5裂，淡紫色〜紅紫色，5〜6月に開花する，花柄に腺毛がある，がくが長いものはガクウラジロヨウラク（var. longicalyx）という
果実：球形で長さ4mm，10月成熟
冬芽：長卵形〜紡錘形で長さ4〜6mm，花芽は広卵形で長さ7〜10mm
分布：北海道（南部），本州
用途：庭園・公園樹　㊊裏白瓔珞

ガクウラジロヨウラク

イソツツジ　エゾイソツツジ　●ツツジ科
Ledum palustre var. diversipilosum Nakai　**P.44　P.92**

　湿原や湿った所に生える高さ0.5〜1mの常緑樹，ヒメイソツツジは葉が細く，花も小さい
葉：披針形で長さ2.5〜6cm，全縁でふちは裏に巻き込む，裏面は白色と赤褐色の毛を密生
花：枝先に短い総状花序を出し，径約1cmの白色の花を多数つける，花弁5，6〜7月開花
果実：楕円形で長さ5mm，9〜10月成熟
分布：北海道，本州（東北），南千島，サハリン，朝鮮など
用途：庭園樹　㊊磯躑躅

メイソツツジ　ホソバイソツツジ　●ツツジ科
um palustre var. decumbens Ait.

高山帯に生える高さ20〜30cmの常緑樹
：広線形で長さ1〜2.5cm，幅1.5〜3mm，ふちは裏面に巻き込む，裏面に赤褐毛を密生
：短い総状花序に，径8〜10mmの白色の花を10個ほどつける，花弁5，6〜7月に開花
実：楕円形で長さ3.5mm，9月に成熟
布：北海道，千島，サハリンなど
途：鉢植え　㊊姫磯躑躅

エゾツツジ　●ツツジ科
Rhododendron camtschaticum Pallas　**P.44　P.71**

　高山に生える落葉樹，高さ20cm
葉：広卵形長さ2〜3cm，全縁で長腺毛がある
花：紅紫色で径2.5〜3.5cm，横向きに咲く，上の3弁は中裂，下の2弁は深裂，7〜8月に開花し，花茎の先に1〜3個つける
果実：さく果は楕円形で長さ1cm，9月に成熟
分布：北海道，本州北部，千島，サハリンなど
用途：鉢植え　㊊蝦夷躑躅

キバナシャクナゲ ●ツツジ科 *Rhododendron aureum Georgi* P.44 P.91

高山に生える常緑樹, 高さ30cm
葉：長楕円形〜広楕円形で長さ3〜5cm, 革質, 表面にしわがある, 枝先に多数集まって互生する
花：淡黄色で径約3cmの漏斗状鐘形, 内面上側に斑点あり, 6〜7月に開花し, 枝先に4〜7個つく
果実：さく果は長楕円形で直立し長さ1〜1.5cm, 9月に成熟し褐色
分布：北海道, 本州中部以北, 千島, サハリンなど
用途：鉢植え, 庭園樹 㵎黄花石楠花

ハクサンシャクナゲ エゾシャクナゲ ●ツツジ科 *Rhododendron brachycarpum G. Don* P.40 P.91

亜高山の針葉樹林下から低山帯に生える常緑樹, 高さ2〜4m, 花の色や葉の裏の毛の有無などに変異が多い
葉：長楕円形で長さ6〜12cm, 革質, 全縁でしばしば裏面に巻き込む
花：径約4cmの漏斗形で白色〜淡紅色, 内側に淡緑色の斑点がある, 枝先につき, 6〜7月に開花する
果実：円柱形で長さ約15mm, 9〜10月に成熟, 黄緑色から褐色
分布：北海道, 本州中部以北, 四国(石鎚山), 朝鮮など
用途：庭園・公園樹
㵎白山石楠花

セイヨウシャクナゲ　ヨウシャク　●ツツジ科
Rhododendron hybridum Hort.　**P.40**

　栽培される常緑樹，高さ 2 〜 3 m，多くの園芸品種がある
葉：長楕円形〜広楕円形で長さ 4 〜 16 cm，全縁ときに縁毛状細鋸歯あり，互生する
花：散状総花序に 10 〜 20 花つける，花冠漏斗状，筒状の鐘形，径 5 〜 10 cm，5 〜 10 裂，花色は紅色，白色，黄色，紫色など，5 〜 7 月開花
果実：さく果は長楕円形〜卵形で長さ約 1.5 cm，10 月に成熟する
用途：庭園・公園樹　㊡ 西洋石楠花

サカイツツジ　●ツツジ科
Rhododendron parvifolium Adams　**P.44　P.91**

　寒地の湿地，道内では落石湿原のみに生える半常緑樹，高さ 0.5 〜 1 m
葉：楕円形〜長楕円形で長さ 1 〜 2 cm，全縁で革質，裏面腺鱗片で赤褐色，枝先に集まり互生
花：紅紫色で径 1.5 〜 2 cm，漏斗状鐘形で 5 中裂，枝先に 2 〜 5 花つく，5 月中〜下旬開花
果実：さく果は長さ 5 〜 7 mm，10 月に成熟
分布：北海道(落石)，サハリン，朝鮮北部，東シベリア，アラスカなど
用途：庭園樹　㊡ 境躑躅

エゾムラサキツツジ　トキワゲンカイ　●ツツジ科
Rhododendron dauricum Linn.　P.43　P.91

寒地の山，とくに岩場などに生える半常緑樹，高さ2m，よく分枝する

葉：楕円形〜長楕円形，長さ2〜6cm，上部に不明な波状鋸歯縁，しばしば裏に巻き込む，両面に円い腺鱗片があり，枝先に集まって互生し，一部は越冬する

花：紅紫色で径約3cm，漏斗状鐘形で5裂，4〜5月に開花，枝先につく

果実：さく果は8mm，9〜10月成熟，黄緑色から褐色になる，腺鱗片を密布する

分布：北海道，朝鮮，中国東北部など，道内では東部や北部に多い

用途：庭園・公園樹

㊊ 蝦夷紫躑躅　㊋ Dahurian azalea

変種：シロバナトキワツツジ（var. albiflorum）は花が淡黄色〜帯黄白色，秋に葉の一部が黄色になる，道内にまれに自生する，また淡紅色を帯びたものや，黄白色に紅紫色がしぼりになったものも見られる

シロバナトキワツツジ

淡紅色の花

ムラサキヤシオ ●ツツジ科
Rhododendron albrechtii Maxim.　P.41　P.71　P.91

　山地の樹林下のやや湿った所に生える落葉樹, 高さ3mになり, 下から分枝する
葉：広倒披針形で長さ5〜10cm, 細鋸歯縁の先が硬毛, 互生し枝先にやや輪生状につく
花：紅紫色で径3.5〜4cm, 漏斗状鐘形, 枝先に3〜4個つく, 5〜6月に開花
果実：卵形で長さ8〜12mm, 10月成熟
冬芽：花芽は卵形で先はとがり長さ8〜11mm
分布：北海道, 本州(滋賀県以東)
用途：庭園樹　　㊊紫八染

ヤマツツジ　アカツツジ ●ツツジ科 P.43 P.71 P.91
Rhododendron kaempferi Planch. (*R. obtusum* var. *kaempferi*)

　山や丘に生える落葉樹, 高さ3m
葉：春葉は楕円形で先はとがり, 長さ2〜4cm, 両面にねた毛あり互生, 夏秋葉は倒卵形で枝先に輪生し, 長さ1〜1.5cm, 越年する
花：朱赤色まれに紅紫色, 白色, 径4cmの漏斗状で5中裂, 上裂片に濃斑点, 5〜6月開花
果実：さく果は長さ約7mm, 褐色の剛毛を密布する, 10月に成熟
分布：日本, 屋久島
用途：庭園・公園樹　　㊊山躑躅

バイカツツジ ●ツツジ科
Rhododendron semibarbatum Maxim.　**P.43　P.71　P.91**

　山地に生える落葉樹，高さ1〜2m，若枝や葉柄に開出した腺毛が多い
葉：楕円形〜広楕円形で長さ3〜6.5cm，細鋸歯縁，裏面脈状に腺毛，互生し枝先に集まる
花：径1.5〜2.5cmで5裂，白色で上弁に紫の斑点ある，7〜8月開花
果実：球形で径5mm，腺毛あり，10月に成熟
冬芽：頂芽は長卵形で長さ4〜6mm
分布：日本，本道は南部
用途：庭園樹

コメツツジ ●ツツジ科
Rhododendron tschonoskii Maxim.　**P.43　P.71**

　深山に生える落葉樹，高さ1m
葉：広楕円形〜長楕円形で変異が多く，長さ8〜20mm，基部はくさび形，全縁で両面有毛，網状脈がある，互生し枝先に輪生状に集まる
花：白色まれに紅色をおび，径7〜10mmの筒状漏斗形で4〜5裂する，6〜7月に開花
果実：卵状円錐形，長さ5mm，10月成熟
冬芽：卵形で長さ2〜3mm，有毛
分布：日本，朝鮮南部
用途：庭園樹　　㊢ 米躑躅

レンゲツツジ　●ツツジ科
Rhododendron japonicum Suringer　P.43　P.71　P.91

　日当りのよい高原や湿原などに生える落葉樹。高さ2m。枝は車輪状に2～6分枝する。庭や公園などに広く植栽される。

葉：倒披針形で長さ4～8cm、全縁で表面と縁に剛毛、先はあまりとがらない。葉柄は3～5mm、裏面はときに蒼白色。互生する。

花：漏斗状で5中裂、径5～6cm、朱橙色で枝先から出る総状花序に2～8個つく。5～6月に開花。花色に変異が多く、濃いものから薄いものまである。また鮮黄色のものもありキレンゲツツジ(f. flavum)という。

果実：長楕円形で長さ2～3cm、緑黄色で褐色の長毛がある。9～10月に成熟。

冬芽：長卵形～紡錘形で長さ5～10mm。花芽は側枝に頂生し、卵形で長さ7～15mm。

分布：日本。本道では南西部に自生するといわれるが、自生地は不明。

用途：庭園・公園樹

㊥ 蓮華躑躅　㊥ Japanese azalea

カバレンゲツツジ

キレンゲツツジ

エクスバリーアザレア ●ツツジ科
Rhododendron spp. P.43

　ヨーロッパ，中国産，アメリカ産のツツジや日本のレンゲツツジなどをもとに改良された品種群の総称．高さ1〜1.5mの落葉樹で，道内に広く栽培される
葉：倒披針形で長さ4〜8cm．先はややとがる．裏面はときにやや粉白色．互生する
花：漏斗状で5裂し径4〜6cm．花色は黄色系，オレンジ系が中心だが，赤，白，桃色など多くの品種がある．6月頃開花する
用途：庭園・公園樹

ミヤマキリシマ ●ツツジ科
Rhododendron kiusianum Makino P.43

　庭などに植えられる半落葉樹．高さ1〜1.5m．下からよく分岐し，枝が横にはる
葉：長楕円形で長さ0.8〜2cm．特に裏面脈上に褐色毛がある．夏葉は一部越冬する．互生
花：径2〜3cmの漏斗状で先は5裂し，裂片は広く開く．花色は朱紅色，淡紅色，紫色，紅紫色，白色など変異が多い．5〜6月開花
分布：九州の高山
用途：庭園・公園樹，盆栽
㊀深山霧島

紅　花

白　花

淡紫花

胡蝶の舞

クルメツツジ キリシマ ●ツツジ科
Rhododendron obtusum var. sakamotoi Komatsu **P.43**

庭などに植えられる半常緑樹, 高さ約 1 m, 古くから栽培され, 多くの園芸品種がある
葉：小形で厚く, 春葉は長倒卵形, 夏葉は楕円形で縁に毛がある, 長さ 1 ～ 2 cm, 互生
花：赤色の漏斗状鐘形で 5 裂, 径 2 ～ 3.5 cm, 上弁に濃紅色の斑点がある, 5 月に開花
果実：さく果は長さ 1 cm, 粗毛あり, 10 月成熟
分布：九州
用途：庭園・公園樹, 盆栽
㊡ 久留米躑躅, 霧島

今猩々　　　　　花　彩

ノデキリシマ ●ツツジ科
Rhododendron obtusum f. hinodekirishima Komatsu **P.43**

キリシマ（クルメツツジ）の園芸品種で常緑～半緑樹, 高さ 1 ～ 2 m, 庭などに植えられる
葉：楕円形で長さ 1 ～ 2 cm, 光沢がある, 互生
花：漏斗状鐘形で 5 裂し, 径 3 ～ 4 cm, 紫鮮紅色で 5 月に開花
実：卵形で長さ 7 mm, 9 ～ 10 月成熟
用途：庭園・公園樹, 盆栽
㊡ 日の出霧島

ゴヨウツツジ シロヤシオ ●ツツジ科
Rhododendron quinquefolium Bisset et Moore **P.43 P.71**

庭などに植えられる落葉樹, 高さ 3 m, 枝はくりかえし 2 ～ 3 分岐し, 先に車輪状に 5 葉つける
葉：菱状卵形で長さ 2 ～ 4 cm, 縁に毛を密生
花：径約 4 cm の広い漏斗形で 5 中裂, 白色で 5 ～ 6 月に開花
分布：本州（東北～近畿の太平洋側), 四国
用途：庭園・公園樹
㊡ 五葉躑躅

サツキ ●ツツジ科
Rhododendron indicum Sweet　**P.43**

常緑樹で高さ1m，多くの園芸品種がある
葉：春葉は倒披針形～長楕円形で長さ2～3.5
　　cm，両面と縁に褐色の毛がある，秋葉は長さ
　　0.6～2.5cmの倒披針形で越冬する，互生
花：径3.5～5cmの漏斗状で5中裂して広く
　　開く，通常朱赤色から紅紫色，6～7月開花
果実：長卵形で長さ7～10mm
分布：本州(関東，富山以西)，四国，九州
用途：庭園・公園樹，盆栽，グラウンドカバー
㋐皐月

クロフネツツジ　カラツツジ ●ツツジ科
Rhododendron schlippenbachii Maxim.　**P.41 P.71 P.91**

朝鮮半島から中国北部原産の落葉樹，高さ
3m，庭などに植えられる
葉：倒卵形で長さ5～8cm，互生し，枝先に5
　　枚輪生状につく
花：径5～7cmの広い漏斗形，淡紅色に赤色の
　　斑点がある，5月に葉と同時に開花する
果実：さく果は卵形～楕円形で長さ約12mm，9
　　～10月成熟，緑色から淡褐色になる
冬芽：頂芽は長卵形で長さ8～13mm
用途：庭園・公園樹　㋐黒船躑躅

ヒダカミツバツツジ ●ツツジ科
Rhododendron hidakanum Hara　P.41　P.71　P.91

広葉樹林下に生える落葉樹，高さ2m
葉：広卵菱形で長さ3〜5cm，幅2〜5cm，枝先に三輪生する
花：漏斗状で5中裂，淡紅色で径3〜4cm，1〜3個つき，5〜6月開花
果実：さく果はゆがんだ円柱形で長さ約1cm，10月に成熟，初め緑色のち淡褐色
冬芽：紡錘形で長さ5〜7mm，花芽は長卵形
分布：北海道（日高地方）
用途：庭園・公園樹　　漢 日高三葉躑躅

ミツバツツジ ●ツツジ科
Rhododendron dilatatum Miq.　P.41　P.71

庭などに植えられ，自生地では山地に生える落葉樹，高さ2m，枝は通常車輪状に2〜4分枝
葉：若葉は縦に裏側に巻き，枝先に3輪生，広卵菱形〜広菱形，長さ4〜7cm
花：漏斗形で深く5裂し，紫紅色で径3〜4cm，5月に葉より先に開花
果実：円柱形で長さ9mm，10月に成熟する
冬芽：長卵形，葉芽長さ4〜7mm，花芽10〜13mm
分布：本州（関東，東海，近畿地方）
用途：庭園・公園樹　　漢 三葉躑躅

リュウキュウツツジ　シロリュウキュウ　●ツツジ科
Rhododendron mucronatum G. Don　P.43　P.92

　高さ1～2mの半落葉樹で，キシツツジとモチツツジの雑種，多くの園芸品種がある

葉：春葉は長楕円形で長さ3～4.5cm，先はとがり，基部はくさび形，両面有毛，夏葉は倒披針状長楕円形でやや小さい

花：径4～5cmの漏斗状で白色，5裂し広く開く，上弁に淡黄色のぼかしがあり，5月開花，やや紫を帯びたものはムラサキリュウキュウ

果実：がく片に包まれ，長卵形で長さ8mm

用途：庭園・公園樹　㊉琉球躑躅

キシツツジの品種ワカサ

ヨドガワツツジ　●ツツジ科
Rhododendron yedoense Maxim.　P.43　P.71

　高さ1～2mの半落葉樹で，チョウセンヤマツツジの雄しべが花弁化して八重咲きになったもので，朝鮮に自生するといわれる，道内では庭や公園に植えられる，混芽の鱗片は腺点があって粘る

葉：春葉は長楕円形～楕円形で長さ2.5～7cm，両端とがり，両面に褐色毛を散生，夏葉は倒披針状長楕円形でしばしば落葉する，互生

花：径5～6cmの漏斗形で紅紫色，6月開花

用途：庭園・公園樹　㊉淀川躑躅

オオムラサキ ●ツツジ科
Rhododendron pulchrum Sweet　**P.43**

ヒラドツツジの品種群のひとつで，高さ1〜
2mになる常緑樹
葉：枝先に集まって互生，長さ5.5〜8cm，狭長
　　楕円形で両端はとがり全縁，両面に毛がある
花：紅紫色で径6〜8cm，先端は5裂，上弁に
　　紫色の斑点がある，5月に開花
用途：庭園・公園樹　㊤大紫

ヒメシャクナゲ ●ツツジ科
Andromeda polifolia Linn.　**P.44**

　湿原に生える高さ20〜30cmの常緑樹
葉：広線形で長さ2〜3cm，革質，裏面粉白色
花：壺状で径約5mm，先は浅く5裂，淡紅色ま
　　れに白色で下向きに咲く，5〜7月に開花
果実：さく果は扁球形で径5mm，9月頃成熟
分布：北海道，本州中部以北，千島，朝鮮など
用途：庭園樹　㊤姫石楠花

シマツガザクラ ●ツツジ科
Harrimanella gmelinii D. Don

高山に生える常緑樹，茎は針金状で地をは
い，花茎は立ち上がり高さ3〜5cmになる
葉：倒披針形または狭楕円形で長さ2.5〜4mm
花：淡紅色で径6mm，4裂して平開する，7〜9
　　月に開花する
果実：さく果は球形で径1.5mm，9月頃成熟
分布：北海道，本州（早池峰山），千島など
用途：鉢植え　㊤千島栂桜

コメバツガザクラ ●ツツジ科
Arcterica nana Makino

　高山帯に生える常緑樹，高さ5〜15cm
葉：長楕円形で長さ5〜9mm，革質で全縁
花：壺形で径4mm，先は5裂し外へそりかえる，
　　白色で下向きに咲く，7月に開花
果実：さく果は直立，球形で径3mm，8〜9月
　　に成熟する
分布：北海道，本州中部以北，千島など
用途：鉢植え　㊤米葉栂桜

エゾノツガザクラ　エゾツガザクラ　●ツツジ科
Phyllodoce caerulea Babington　**P.91**

高山に生える常緑樹，高さ10〜30cm
葉：長さ6〜11mmの線形で，縁は外曲する，裏面の主脈に白毛あり，密生する
花：卵状壺形で長さ8〜10mm，紅紫色だが変異が多い，外側に腺毛がある，7〜8月に開花，毛がなく花冠が短く卵壺状のものはコエゾツガザクラ（var. yezoensis）という
果実：さく果は球形で径4mm，8〜9月成熟
分布：北海道，千島，サハリン，北半球北部
用途：鉢植え　㊅蝦夷栂桜

コエゾツガザクラ

アオノツガザクラ　●ツツジ科
Phyllodoce aleutica A. Heller　**P.91**

高山に生える常緑樹，高さ10〜30cm
葉：長さ6〜9mmの線形で，縁は外曲し密生
花：卵状壺形で長さ6〜8mm，淡黄緑色，花冠は無毛で下向きに咲し，7〜8月に開花，ニシキツガザクラ（var. marmorata）は淡黄色になる
果実：さく果は球形で径4mm，8〜9月成熟
分布：北海道，本州中部以北，千島など

ナガバツガザクラ　●ツツジ科
Phyllodoce nipponica var. *oblongo-ovata* Toyokuni

高山に生える常緑樹，高さ10〜30cm
葉：長さ8〜12mmの線形，外曲し扁平，密生
花：鐘形で長さ約6mm，淡紅白色〜白色で先浅く5裂し，7月に開花，カオルツガザクラ（f. viridiflora）は花弁白色でがくは緑色
果実：扁球形で径3mm，8〜9月に成熟
分布：北海道，本州（東北地方北部）
用途：鉢植え　㊅長葉栂桜

ニシキツガザクラ

カオルツガザクラ

ネズオウ ●ツツジ科
seleuria procumbens Desv.

高山に生える常緑樹，茎は地面をはう
葉：長楕円形で長さ6～9mm，全縁で質は厚い
花：上向きに咲き，広鐘形で長さ5mm，5裂し，淡紅色または白色，6～7月に開花
実：卵形で長さ4mm，8～9月成熟
分布：北海道，本州中部以北，千島など
用途：鉢植え　㊊嶺蘇芳

イワヒゲ ●ツツジ科
Cassiope lycopodioides D. Don

高山に生える常緑樹，茎は地面をはう
葉：卵形で長さ1～2mmの鱗片葉を密に対生
花：白色の鐘形で長さ約7mm，先は5裂してそりかえる，下向きに咲き，7月頃開花
果実：球形で径3mm，9月頃褐色に熟す
分布：北海道，本州(三重県以北)，千島など
用途：鉢植え　㊊岩鬚

ムカデ ●ツツジ科
rimanella stelleriana Coville **P.91**

高山に生える常緑樹，茎は地面をはう
葉：広披針形で長さ2～3mm，厚く，密生する
花：白色の広鐘形で長さ4～5mm，先は5全裂，高さ約5cmの茎に横～下向きにつく，7月頃開花
実：さく果は直立し球形，径4mm，9月成熟
分布：北海道，本州中部以北，千島など
用途：鉢植え　㊊地百足

ウラシマツツジ ●ツツジ科
Arctous alpinus var. japonicus Ohwi **P.44 P.91**

高山帯の岩れき地に生える高さ約5cmの落葉樹，茎は地中をはい，先で分枝し枝は上向き
葉：倒卵形で長さ2～4cm，細鋸歯縁，基部へしだいに細くなる，裏面に網状の脈が目だつ
花：壺状で長さ5mm，淡黄色，6～7月に開花
果実：球形で径8～9mm，9月頃黒く熟す
分布：北海道，本州中部以北，千島など
用途：鉢植え　㊊裏縞躑躅

シラタマノキ　シロモノ　●ツツジ科
Gaultheria miqueliana Takeda　P.44　P.91

高山などに生える常緑樹, 高さ 20 ～ 30 ㎝
葉：楕円形で長さ 1.5 ～ 3 ㎝, 鈍鋸歯縁, 葉脈
　　はくぼみ裏面に凸出, 革質で光沢がある
花：壺状で長さ 4 ㎜, 幅 5 ㎜, 白色で総状花序
　　に 1 ～ 6 個下向きにつく, 7 ～ 8 月に開花
果実：偽果で白色, ときに淡紅白色, 径約 1 ㎝,
　　9 月頃成熟, 果肉はサロメチールの香りあり
分布：北海道, 本州(鳥取県大山, 中部以北),
　　千島, サハリンなど
用途：庭園樹, 鉢植え　㊥白玉の木

アカモノ　イワハゼ　●ツツジ科
Gaultheria adenothrix Maxim.　P.44　P.91

高山の草地や湿地に生える常緑樹, 高さ 20
㎝, 若枝は赤褐色の長毛を密生する
葉：卵形で長さ 1 ～ 3 ㎝, 革質, 葉脈は裏に凸出
花：鐘形で長さ 6 ～ 7 ㎜, 白色, 花柄には赤褐
　　色の長毛を密生, 6 ～ 7 月に開花
果実：偽果で径 6 ㎜の球形, 赤色, 9 月成熟
分布：北海道, 本州, 四国
用途：鉢植え　㊥赤物

カルミア　●ツツジ科
Kalmia latifolia Linn.　P.42

北アメリカ原産の常緑樹, 高さ 1 ～ 2 m
葉：長楕円形で長さ 7 ～ 10 ㎝, 全縁か粗い
　　歯縁, 厚く革質, 互生, 枝の上部では輪生
花：淡紅色で約 2 ㎝の椀形, 8 弁で 5 裂, 内
　　基部に 5 角状線形に紅～紫紅の線状斑あ
　　頂生する花序につき, 6 ～ 7 月開花
果実：さく果で略球形, 5 稜, 10 月に成熟
用途：庭園樹　㊗Mountain laurel

イワナシ　●ツツジ科
Epigaea asiatica Maxim.　**P.42**

山地の疎林下に生える高さ10〜25cmの常緑樹．枝に開出する褐色の長毛がある
葉：長楕円形で長さ5〜10cm，全縁で両面に褐色の短毛，縁に長毛あり．革質，互生する
花：長さ約10mmの筒状で先は5裂．淡紅色で，総状花序につき，5〜6月に開花
果実：径約1cmの扁球形で，7〜8月に成熟．ごく短い毛と上部に突起状の硬い毛がある
分布：北海道（南部，南暑寒岳），本州
㊊ 岩梨

ヤチツツジ　ホロムイツツジ　●ツツジ科
Chamaedaphne calyculata Moench　**P.43　P.92**

湿地や泥炭地に生える常緑樹，高さ1m
葉：長楕円形で長さ2〜4cm，鈍頭で革質，微細鋸歯縁，両面に盤状の鱗片を密生，短柄がある，互生する
花：葉のついた長い総状花序の片側に，下向きに白色〜緑白色の花をつける．花冠は壺状で長さ6〜7mm，5〜6月に開花
果実：さく果は扁球形，径4mm，10月に成熟
分布：北海道，北半球の北部に広く分布
㊊ 谷地躑躅

サラサドウダン　フウリンツツジ　●ツツジ科
Enkianthus campanulatus Nichols.　P.42　P.71　P.90

山地に生える落葉樹, 高さ3～5m, 秋に紅葉
葉：倒卵形～広楕円形で長さ2.5～6cm, 細鋸歯縁, 基部くさび形, 枝先に輪生状に互生
花：広鐘形で長さ8～15mm, 黄白色で先は淡紅色, 紅色のすじあり, 6～7月に開花
果実：楕円形で長さ5～7mm, 下垂した果柄の先に直立し, 10月成熟し, 淡紅褐色になる
冬芽：卵形～広卵形で, 長さ6～11mm
分布：北海道(南部), 本州(近畿以東)
用途：庭園・公園樹　㋩更紗灯台

ドウダンツツジ　●ツツジ科
Enkianthus perulatus Schneid.　P.42　P.71　P.90

庭などに植えられる落葉樹, 高さ2m
葉：広倒披針形で長さ3～3.5cm, 先はとがり基部はしだいに狭まる, 枝先に輪生状に互生
花：長さ7～8mmの壺状で白色, 枝先に2～4花が散状に下向きにつく, 5月に開花
果実：直立した果柄の先に長さ7mmのさく果がつく, 10月成熟, 紅緑色から紅褐色になる
冬芽：卵形で先はとがり, 長さ4～7mm
分布：高知県
用途：庭園・公園樹, 生垣　㋩灯台躑躅

アクシバ ●ツツジ科
Vaccinium japonicum Miq.　P.42　P.70　P.92

　林内に生える落葉樹，高さ50〜100cm
葉：卵形で長さ2〜6cm，先はとがり細鋸歯縁，
　　上面葉脈はくぼみ細かい網目あり
花：淡紅白色，花冠は長さ7〜10mmで4深裂
　　し，裂片は外側に巻く，6〜7月に開花
果実：球形で径5〜6mm，9〜10月に赤熟
冬芽：長卵形で先はとがり，扁平し，長さ3〜
　　4mm，互生する
分布：日本，朝鮮南部
用途：庭園樹

ナツハゼ ●ツツジ科
Vaccinium oldhamii Miq.　P.42　P.70　P.92

　日当りのよい山地に生える落葉樹，高さ3m
葉：卵状長楕円形〜卵状楕円形で長さ4〜7
　　cm，細鋸歯状の腺毛あり，両面有毛
花：淡黄褐色の広鐘形で長さ4mm，先は5裂，
　　長い花序に下向きに多数つく，5〜6月開花
果実：球形で径7〜9mm，9〜10月黒く熟す
冬芽：卵形で長さ3〜5mm，互生
分布：日本，朝鮮南部，中国
用途：庭園樹，果実を食用・ジャムなど
㊤夏黄櫨

オオバスノキ ●ツツジ科
Vaccinium smallii A. Gray　**P.42　P.70　P.92**

山地の林内に生える落葉樹, 高さ1〜1.5m
- 葉：長楕円形〜楕円形で長さ2.5〜8cm, 先はとがり, 細鋸歯縁, 基部くさび形, 互生
- 花：鐘形で長さ6〜7mm, 先は5裂し反り返る, 紅色を帯びた緑白色, 5〜7月に開花
- 果実：径7〜8mmの球形, 9月紫黒色に熟す
- 冬芽：長卵形で先はとがり, 長さ4〜5mm
- 分布：北海道, 本州, 四国, 南千島, サハリン
- 用途：果実を食用, ジャムなど
- 漢 大葉酢の木

ウスノキ　カクミノスノキ　●ツツジ科
Vaccinium hirtum Thunb.　**P.42　P.70　P.92**

山地の疎林内に生える落葉樹, 高さ1m
- 葉：長楕円状卵形で長さ2〜4cm, 先はとがり微鈍鋸歯縁, 基部は円くほとんど無柄, 互生
- 花：鐘形で長さ6mm, 先は5裂, 緑白色に淡紅色のすじあり, がく筒に5翼, 5〜7月開花
- 果実：倒卵状球形で先はくぼむ, 初め5稜あり, 径約8mm, 9〜10月に赤く熟す
- 冬芽：長卵形で先はとがり, 長さ4〜5mm
- 分布：日本
- 用途：果実を食用　漢 臼の木

クロウスゴ ●ツツジ科
Vaccinium ovalifolium J. E. Smith　P.42　P.70　P.92

　亜高山帯の林内に生える落葉樹，高さ1m
葉：広楕円形〜広卵形で長さ1.5〜4cm，鈍頭
　　または円頭，全縁で無毛，互生する
花：幅約5mmの円壺状で緑白色で紅がさす，
　　先は5裂しそりかえる，6〜7月に開花
果実：球形で径7〜10mm，先は浅くくぼむ，
　　　藍黒色で粉白，8〜9月に成熟
冬芽：卵形〜長卵形で，長さ3〜4mm
分布：北海道，本州中部以北，サハリンなど
用途：果実を食用，ジャムなど　㋩黒臼子

クロマメノキ ●ツツジ科
Vaccinium uliginosum Linn.　P.42　P.70　P.92

　高山帯に生える落葉樹，高さ10〜50cm
葉：楕円形で長さ1.5〜2.5cm，先は円く，基
　　部くさび形，全縁で両面無毛，互生
花：扁壺状で長さ5〜6mm，紅色を帯びた緑白
　　色，先は浅く5裂する，6〜7月に開花
果実：球形で径7〜10mm，9月に藍黒色に熟す
分布：北海道，本州中部以北，千島など
用途：鉢植え，果実をジャムなど　㋩黒豆の木

コケモモ　フレップ ●ツツジ科
Vaccinium vitis-idaea Linn.　P.92

　高山や北の海岸近くに生える常緑樹，高さ
10cm，茎の下部は地中をはう
葉：長楕円形で長さ1〜2cm，厚い革質，表面
　　は濃緑色で光沢がある，密に互生する
花：鐘形で長さ約6mm，淡紅色，6〜7月開花
果実：球形で径約7mm，8〜9月紅色に熟す
分布：日本，千島，サハリン，朝鮮など
用途：果実をジャム，果実酒　㋩苔桃

ブルーベリー　ヌマスノキ　●ツツジ科
Vaccinium corymbosum Linn.　**P.42　P.70　P.92**

　北アメリカの低湿地や草原に生える落葉樹で高さ1〜2m，果実の採取用に栽培される
葉：卵形〜楕円形で長さ3.5〜8cm，全縁，互生
花：白色で長さ6〜12mmの壺形，先は5浅裂しそりかえる，5〜6月に開花
果実：球形で径約10mm，8〜9月に藍黒色に熟す
冬芽：長卵形〜卵形で長さ5〜8mm
用途：庭園樹，果実を食用・ジャムなど
㊑ American blueberry

ツルコケモモ　●ツツジ科
Vaccinium oxycoccus Linn.　**P.44　P.92**

　高層湿原の水苔中に生える常緑樹，茎は針金状
葉：長楕円形で長さ7〜14mm，全縁，革質
花：長柄の先に1〜5個つけ，淡紅色で花弁4，長さ7〜10mmで4深裂しそりかえる，花柄に細毛がある，6〜8月に開花
果実：球形で径8〜10mm，9月に紅熟する
分布：北海道，本州中部以北，千島，朝鮮など
用途：果実を食用　㊥ 蔓苔桃

ヒメツルコケモモ　●ツツジ科
Vaccinium microcarpum Schmalh.　**P.44**

　高層湿原の水苔中に生え，地面をはう常緑
葉：長楕円状卵形で長さ3〜5mm，革質
花：淡紅色で花弁4，長さ4〜5mmで4深裂そりかえる，6〜8月に開花する，花柄は毛かやや有毛
果実：球形で径6〜8mm，9月に紅熟する
分布：北海道，本州中部以北，千島など
用途：果実を食用　㊥ 姫蔓苔桃

297

ワツツジ ●ツツジ科
cinium praestans Lamb. P.42 P.70 P.92

針葉樹の林内に生える落葉樹, 高さ5cm
葉：倒卵円形で長さ3～5cm, 細鋸歯縁, 互生
花：長さ6mmの筒状鐘形, 白色でやや淡紅色, 先は5裂, 6～7月開花
実：球形で径10mm, 9～10月に紅色に熟す
分布：北海道, 本州中部以北, 千島など
用途：鉢植え, 果実を食用　㊀岩躑躅

カルーナ　ギョリュウモドキ ●ツツジ科
Calluna vulgaris Salisb.

ヨーロッパ, 西南アジア原産で高さ50～100cmの常緑樹, 枝は輪状に叢生, 多くの園芸品種がある, エリカに似ているが, 葉形が異なる
葉：長さ2mmほどの鱗片状で, 十字対生する
花：花冠は鐘形で先は4裂, 帯紫紅色だが淡紅色, 黄花, 白色などもある, 8月開花
用途：庭園樹, 花材　㊈ Scotch heather

ハヤザキエリカ　エリカ ●ツツジ科
Erica carnea Linn.

ヨーロッパ原産の常緑樹, 高さ0.2～0.4m
葉：線形で長さ3～6mm
花：径約4mmの広鐘形, 鮮紅色と淡紅色, 白色がある, 5～6月に開花する
用途：庭園樹, 花材など
㊈ Spring heath
類似種：コーンウォールエリカ（E. vagans L.）はイギリスや地中海原産, 高さ0.5m, 花は4mmの卵状鐘形, 帯紫淡紅色, 7～8月開花
㊈ Cornish erica, Cornish heath

コーンウォールエリカ

ハナヒリノキ ●ツツジ科
Leucothoe grayana Maxim. **P.35 P.70 P.91**

山地に生える落葉樹，高さ1m，変異が多い
葉：長楕円形〜楕円形で長さ3〜10cm，毛状の鋸歯縁，葉脈は裏面に凸出，ほとんど無柄，表面光沢がある，互生する
花：枝先の総状花序に緑白色で約4mmの壺状の花をつける，先は5裂，7〜8月に開花
果実：さく果は扁球形で径4.5mm，9〜10月に熟し，淡緑色から紅褐色になり，5裂する
冬芽：三角形で先はとがり長さ約2mm
分布：北海道，本州（近畿以北）

エゾウラジロハナヒリノキ ●ツツジ科
Leucothoe grayana var. glabra Komatsu **P.35**

ハナヒリノキの変種で，山地の日当りのよい所に生える落葉樹，高さ1m
葉：卵円形〜広楕円形で長さ4〜10cm，裏面は粉白色，表面は光沢なし，ほとんど無柄
花：緑白色で径約4mmの壺状，先は5裂する，7〜8月に開花
果実：扁球形で約4.5mm，9〜10月に熟す
分布：北海道，本州（東北地方）

アセビ ●ツツジ科
Pieris japonica D. Don **P.43**

庭などに植えられる常緑樹，高さ2〜4m
葉：倒披針形で長さ3〜8cm，質厚く光沢あり，中部以上に低鋸歯縁，枝先に集まって互生
花：白色で長さ約7mmの壺状，5月に開花
果実：さく果は扁球形で径5mm，上向する〜10月に成熟する
分布：本州（山形・宮城以南），四国，九州
用途：庭園・公園樹　㊥馬酔木

ヤブコウジ ●ヤブコウジ科
Ardisia japonica Blume P.40 P.85

山地の樹林下に生える常緑樹，高さ20cm
葉：長楕円形で長さ4～12cm，細鋸歯縁，先はとがり基部くさび形，茎の上部に通常2～3段の輪生状に集まる
花：白色で先は5裂し，径6～8mm，散形状に2～5個つけ，下向きに咲く，8月に開花
果実：径5～7mmの球形で，10月頃赤熟する
分布：日本，朝鮮，台湾，中国，本道では南部，奥尻島，焼尻島に自生する
用途：庭園樹，グラウンドカバー　㊢藪柑子

サワフタギ ルリミノウシコロシ ●ハイノキ科
Symplocos chinensis var. *leucocarpa* f. *pilosa* Ohwi P.28 P.70 P.83

山野に生える落葉樹，高さ2～3m
葉：倒卵形～楕円形で長さ4～10cm，細鋸歯縁
花：円錐花序に白色の花をつける，花冠は径7mm，5深裂する，5～6月に開花
果実：斜卵形で長さ6mm，9月頃藍色に熟す
冬芽：楕円形～円錐状卵形で先はとがり長さ1～2.5mm，互生する
分布：日本，朝鮮，中国
用途：器具材，細工物，木灰は媒染剤
㊢沢蓋木

エゴノキ ●エゴノキ科
Styrax japonica Sieb. et Zucc.　*P.37　P.70　P.80*

道南の山すそに生える落葉樹，高さ 10 m
葉：長楕円形で長さ 4.5 〜 10 cm，先はとがり
　　基部はくさび形，細鋸歯縁または全縁，互生
花：白色で 5 深裂，長さ 1.5 〜 2 cm，6 〜 7 月開花
果実：卵円形で長さ約 1 cm，星状毛を密生，灰
　　緑色で，9 〜 10 月に成熟し，縦に裂ける
冬芽：卵形〜長卵形で扁平し，長さ 1 〜 3 mm
分布：日本，沖縄，朝鮮など，本道は南部
用途：庭園・公園樹，器具材など
㊍ Japanese snowbell

ハクウンボク　ハビロ ●エゴノキ科
Styrax obassia Sieb. et Zucc.　*P.35　P.70　P.80*

山中に生える落葉樹，高さ 10 〜 12 m
葉：円形〜広倒卵形で長さ 10 〜 20 cm，先は
　　短く尾状にとがり，上部がわずかに鋸歯縁，
　　互生
花：長さ 2 cm の白花で 5 深裂，5 〜 6 月開花
果実：卵円形で長さ約 15 mm，星状毛を密生，
　　灰緑色で，9 〜 10 月に成熟，縦に裂ける
冬芽：長卵形で長さ 5 〜 8 mm，密軟毛あり，裸出
分布：日本，朝鮮，中国東北部
㊊ 白雲木　㊍ Fragrant snowbell

ミヤマイボタ ●モクセイ科
Ligustrum tschonoskii Decaisne　P.39　P.76　P.88

山地に生える落葉樹, 高さ2〜3m
葉：卵状長楕円形で長さ2〜6cm, 通常先はとがる, 全縁で質は薄い, 通常裏面有毛, 毛が少ないのはエゾイボタ（f. glabrescens）
花：白色で長さ7mmの筒状漏斗形, 先は4裂, 6〜7月開花, やや総状の円錐花序につく
果実：ほぼ球形で径7mm, 紫黒色で10月成熟
冬芽：頂芽は卵形で長さ2〜4mm, 側芽対生
分布：日本, サハリン
用途：公園樹, 生垣など　㊊深山水蠟

イボタノキ ●モクセイ科
Ligustrum obtusifolium Sieb. et Zucc.　P.39　P.76　P.88

山野に生える落葉樹, 高さ2〜4m
葉：長楕円形で長さ2〜7cm, 通常先は鈍頭でとがらない, ミヤマイボタの先はとがる
花：やや総状に白花を密につける, 花冠は長さ7〜9mm, 筒状漏斗形で先は4裂, 7月開花
果実：ほぼ球形で径7mm, 紫黒色, 10月成熟
冬芽：卵形で先はとがり, 長さ3mm, 側芽対生
分布：日本, 朝鮮　用途：公園樹, 生垣
㊊水蠟の木　㊇Japanese privet

レンギョウ ●モクセイ科
Forsythia suspensa Vahl　*P.38　P.75　P.90*

中国原産で高さ 2 〜 3 m の落葉樹, 髄は中空
葉：卵形で長さ 4 〜 8 cm, 鋸歯縁, 若枝の葉は
　　ときに 3 出複葉, 対生, シナレンギョウ(F.
　　viridissima)は長楕円形で通常中部よりもや
　　や先でもっとも幅が広い
花：雌雄異株, 黄金色で径 2.5 cm, 4 〜 5 月開花
果実：さく果は長卵形, 長さ約 15 mm, 10 月成熟
冬芽：卵形で長さ 3 mm, 花芽は長さ 5 mm
用途：庭園・公園樹, 生垣, 花材
㋹ 蓮翹　㋺ Drooping golden-bell

シナレンギョウ

チョウセンレンギョウ ●モクセイ科
Forsythia koreana Nakai　*P.38　P.75　P.90*

朝鮮原産の落葉樹, 高さ 2 〜 3 m, 髄は薄板
が階段状につく, レンギョウより花の量が多い,
道内ではレンギョウよりも多く植えられる
葉：卵状披針形で長さ 4 〜 10 cm, 通常下部で
　　もっとも幅が広い, まれに 2 〜 3 裂か三出複葉
花：雌雄異株, 濃黄色で径 2.5 cm, 4 〜 5 月開花
用途：庭園・公園樹, 生垣, 花材
㋹ 朝鮮蓮翹

マルバアオダモ ●モクセイ科
Fraxinus sieboldiana Blume　*P.56　P.73　P.81*

日本や朝鮮の山地に生える落葉樹, 高さ 12
葉：奇数羽状複葉で長さ 10 〜 20 cm, 小葉
　　〜 7, 鋸歯は不明瞭または全縁, 対生
花：雌雄異株, 白色で長さ 6 mm の線形, 6
　　開花
果実：翼果は倒披針形で長さ 3 cm, 10 月成
冬芽：広卵形で長さ 4 〜 6 mm, 長毛なし
用途：器具材, バット材, 公園・街路樹

ヤチダモ　タモノキ　●モクセイ科

Fraxinus mandshurica var. japonica Maxim.　**P.58　P.73　P.81**

平地〜山間のやや湿った所に多く生える落葉樹. 高さ30 m, 太さ80〜100 cmになる

葉：奇数羽状複葉で長さ30〜40 cm, 小葉は7〜11枚, 頂小葉をのぞいて無柄, 狭長楕円形で縁に細鋸歯がある, 長さ6〜15 cm, 幅2〜5 cm, 鋭尖頭で基部はゆがんだくさび形

花：雌雄異株, 前年枝の腋芽から花序をだし多数の花をつける, 花冠はない, 雄花の萼は暗赤色, 雌花序は淡緑黄色, 5月に開花, 葉が開く前に咲く

果実：翼果は広倒披針形で先はややとがる, 長さ2.5〜3.5 cm, 幅7〜8 mm, 10月に成熟し, 黄緑色から褐色になる

冬芽：頂芽は1個で円錐形〜三角形, 長さ5〜8 mm, 幅5〜10 mm, 側芽は対生

樹皮：灰白色〜灰褐色で浅く縦に裂ける

分布：北海道, 本州(中部以北), 朝鮮

用途：建築・家具・器具材, 公園・街路樹, 防風林など

雄花　　　雌花

アオダモ　コバノトネリコ　●モクセイ科
Fraxinus lanuginosa Koidz.　P.56　P.73　P.81

　山地に生える落葉樹, 高さ10〜12m, 樹皮は帯青灰色〜帯褐灰色で平滑
葉：奇数羽状複葉で長さ10〜15cm, 小葉は3〜7, 長楕円形で長さ4〜10cm, 鋸歯縁, 対生
花：雌雄異株, 円錐花序に白い花を多数つける, 花冠は4全裂し長さ7mmの線形, 6月開花
果実：翼果は倒披針形, 長さ3cm, 10月成熟
冬芽：広卵形で長さ5〜6mm, 長毛がある
分布：日本, 南千島, 朝鮮
用途：器具材, バット材, 公園・街路樹

ハシドイ　ドスナラ　●モクセイ科
Syringa reticulata Hara　P.27　P.74　P.81

　山地に生える落葉樹, 高さ10〜12m
葉：広卵形で長さ6〜12cm, 先はとがり全縁
花：円錐花序に帯黄白色の花を密につける, 花冠はやや漏斗形で4深裂, 径5mm, 7月開花
果実：さく果は狭楕円形で長さ1.5〜2cm, 皮目がある, 黄緑色〜淡褐色で, 10月頃成熟
冬芽：仮頂芽を2個つけ, 球形〜卵形で長さ3〜5mm, 先はとがり, 側芽は対生
分布：日本, 南千島, 朝鮮
用途：公園・街路樹　(英) Japanese tree lilac

ムラサキハシドイ　ライラック　リラ　●モクセイ科
Syringa vulgaris Linn.　P.27　P.74　P.81

　ヨーロッパ東南部原産の落葉樹，高さ3～5m，庭や公園に植えられ，多くの園芸品種がある．ライラックは英名でリラはフランス名．札幌市の木に指定されている

葉：卵形～広卵形で長さ5～12cm，先はとがり，全縁，基部は切形またはやや心形，やや革質で光沢がある．対生する

花：長さ10～20cmの狭円錐花序に長さ約1cmの筒形の花を多数つける．花色には淡紫，青紫，紫，淡紅，紫紅，白のほか八重咲きもある．花が白いものをシロライラック（var. alba）という．花冠の先は通常4裂．3または5～6裂するものがある．5～6月開花

果実：さく果は長さ1.5cm，平滑，黄緑色から淡褐色になり，10月頃成熟

冬芽：仮頂芽を2個つけ，広卵形～卵形で長さ5～10mm，先はとがり，側芽は対生

用途：庭園・公園樹，香水の原料，花材など

英 Common lilac

紫色の花　　　　　淡紫色の花

シロライラック

ムラサキシキブ ●クマツヅラ科
Callicarpa japonica Thunb.　P.38　P.73　P.86

山野に生える落葉樹，高さ約2m
葉：長楕円形で長さ6～13cm，先はとがり，細鋸歯縁，基部はくさび形，対生する
花：淡紫色の花が集まってつく，花冠は長さ3～5mmで先は4裂，8～9月に開花
果実：約3mmの球形で美しい紫色，10月成熟
冬芽：紡錘形～長卵形でやや扁平，先はとがる，長さ10～14mm，裸出し灰褐色，星状毛あり
分布：日本，沖縄，朝鮮など，本道では南部
用途：庭園樹，花材　㊌紫式部

クサギ　●クマツヅラ科　*Clerodendrum trichotomum Thunb.*　P.48　P.73　P.83

山野の林縁や川岸などの日当りのよい所に生える落葉樹，高さ4m
葉：三角状心形～広卵形，基部は広く長さ8～20cm，強い臭気がある
花：白色で径約2.5cm，先は5裂し平開，8月開花，がくは果時紅色
果実：径7mmの球形，10月頃光沢のある藍色に熟す
冬芽：円錐～半球形で長さ1～3mm，裸出し有毛，対生する
分布：日本，沖縄，朝鮮，中国など，本道では中部以南
用途：果実は染色用，根は薬用
㊌臭木

ベンダー ●シソ科
vandula officinalis Chaix et Vill.

ヨーロッパ原産で高さ50〜100cmの常緑
、茎や葉に白い綿毛を密生し、白くみえる、
水などの原料にするために栽培される
：披針形で長さ2〜3cm、縁は反曲する
：茎の先の穂に淡紅色の花を多数つける、花
冠は長さ6〜12mmの唇形、7〜8月に開花
途：庭園・公園樹、花材、香水

イブキジャコウソウ ●シソ科
Thymus quinquecostatus Celak.

日当りのよい乾いた草地や岩石地に生える
半落葉小低木、茎は細く木質化して地をはう
葉：長さ5〜10mmの卵状楕円形で全縁、対生
花：淡紅色で花冠は長さ5〜8mm、上部が唇状
　　に2裂する、5〜7月に開花
分布：日本、朝鮮、中国など
用途：庭園樹、グラウンドカバー

コ ●ナス科
ium chinense Miller　P.41　P.70　P.86

原野や海岸に生える高さ2mの落葉樹、枝
縦すじがあり、しばしば刺状の小枝がある
：長楕円形で長さ2〜6cm、互生する
：淡紫色で先は5裂、径1.3cm、8〜9月開花
実：楕円形で約2cm、10月に赤く熟する
布：日本、沖縄、朝鮮、中国など、本道では
　　南部にあるとされ、野生化した可能性もある
余：薬用　㊉枸杞

ノウゼンカズラ ●ノウゼンカズラ科
Campsis grandiflora K. Schum.

中国原産の落葉するつる性木本、節部から気
根を出し吸着、道内ではまれに庭に植えられる
葉：奇数羽状複葉で対生、小葉は7または9枚、
　　頂小葉は長卵形で6〜8cm、波状の鋸歯縁
花：広漏斗形で径6〜7cm、外側は朱黄色、内
　　側は紅橙色または朱黄色、8〜9月開花
果実：ほとんど結実しない
用途：庭園樹　㊉Chinese Trumpet Creeper

キリ ●ゴマノハグサ科
Paulownia tomentosa Steud.　P.48　P.73　P.82

　栽培される落葉樹，高さ10m，生長が早い
葉：広卵形でほぼ全縁か3〜5浅裂，長さ10〜
　20cm，若木は五角状広卵円形，長さ30cm以上
花：直立した花序に紫色で長さ5cmの花を多
　数つける，筒状鐘形で唇状に裂け，6月開花
果実：さく果は球形で先はとがり，長さ約3cm，
　10月に成熟，黄緑色から黄褐色になる
冬芽：球形〜円錐形で長さ3〜8mm，対生
用途：建築・家具・器具材
㊌桐　㊒Royal paulownia

キササゲ ●ノウゼンカズラ科
Catalpa ovata G. Don　P.48　P.73　P.82

　中国原産で栽培される落葉樹，高さ8〜12m
葉：広卵形で通常浅く3裂し，長さ10〜25cm
花：円錐花序につき，花冠は淡黄色で暗紫色の
　斑点あり，長さ約2cmの漏斗形で先は5裂し
　てやや唇状，6〜7月に開花
果実：長さ約30cm太さ約4mm，10月成熟
冬芽：三輪生または対生，球形〜半球形で長さ
　1〜3mm，幅2〜4mm，仮頂芽は小さい
用途：公園樹，果実を薬用
㊌木大角豆　㊒Chinese catalpa

アメリカキササゲ　●ノウゼンカズラ科　*Catalpa bignonioides* Walt.　P.48　P.73　P.82

北アメリカ原産の落葉樹, 高さ10 m
葉：広卵形で長さ12 〜 25 cm, ほぼ全縁, 裏面は軟毛密生
花：長さ約3 cm, 漏斗形で先は5裂, 裂片のふちは縮れる, 白色で暗紫色の斑点がある, 6 〜 7月開花
果実：さく果は長さ約30 cm, 幅約1 cm, 黄緑色で, 10月頃成熟
冬芽：三輪生か対生, 球形〜円錐形で長さ1 〜 2 mm
用途：公園・庭園樹, 薬用
㊥ Southern catalpa, Indian bean

オオカメノキ　ムシカリ　●スイカズラ科
Viburnum furcatum Blume　P.36　P.73　P.86

山地に生える落葉樹, 高さ2 〜 5 m
葉：円心形〜卵円形で長さ10 〜 15 cm, 基部は心形, 鈍鋸歯縁, 羽状脈がある
花：散房花序に, 径6 mmの両性花多数と径3 cmの白い装飾花をつける, 5 〜 6月に開花
果実：楕円形長さ8 mm, 初め赤く10月に黒熟
冬芽：裸芽で対生, 葉芽は紡錘形で先はとがり長さ10 〜 15 mm, 花芽は球形で7 〜 10 mm
分布：日本, 千島, サハリン, 朝鮮
用途：公園樹

ガマズミ ●スイカズラ科
Viburnum dilatatum Thunb.　*P.35　P.76　P.86*

　山野の日当りの良い所に生える落葉樹，高さ3m
葉：広卵形〜円形で長さ6〜15cm，低鋸歯縁，
　　裏面に腺点が密生し星状毛や短毛あり，対生
花：白色で径約5mm，花冠は5中裂，径6〜10
　　cmの散房花序に多数つく，5〜6月開花
果実：卵状楕円形でやや扁平，長さ約6mm，8
　　〜9月に赤色に熟す
冬芽：頂芽1個，広卵形で長さ4〜7mm
分布：日本，朝鮮，中国，本道は南部
用途：器具材，公園樹，染料

ミヤマガマズミ ●スイカズラ科
Viburnum wrightii Miquel　*P.35　P.76　P.86*

　山地の林内や林縁に生える落葉樹，高さ2m
葉：広倒卵形〜倒卵円形で長さ7〜14cm，先
　　は短く尾状，基部は円形〜切形，鋭鋸歯縁
花：散房花序に白い花を多数つける，花冠は径
　　6〜8mmで先は5裂し広がる，6月開花
果実：卵球形で長さ6〜9mm，9月に赤熟
冬芽：頂芽は1個つけ側芽は対生，広卵形で先
　　はとがり長さ5〜10mm
分布：日本，サハリン南部，朝鮮，中国
用途：公園・庭園樹

カンボク ●スイカズラ科 P.47 P.76 P.86
Viburnum opulus var. calvescens Hara. (V. sargenti Koehne)

平地〜山地に生える落葉樹,高さ3〜5m
葉:長さ5〜11cmの倒卵円形で3中裂し,ふぞろいな鋸歯あり,裂片の先はとがる,対生
花:散形花序に,径4mmの白い両性花と,径2cmで5弁の装飾花をつける,6月開花
果実:球形で径7〜9mm,9月に赤く熟す
冬芽:長卵形で長さ5〜8mm,仮頂芽は2個
分布:北海道,本州中部以北,千島など
用途:庭園・公園樹,器具材,果実を薬用
㋭ 肝木　㋕ Water-elder

テマリカンボク ●スイカズラ科 P.47 P.76
Viburnum opulus var. calvescens f. sterile Makino

カンボクの花がすべて装飾花になった品種,高さ約4mの落葉樹,庭や公園に植えられる
葉:倒卵円形で3中裂し,不規則な鋸歯があり,先は鋭くとがる,基部はやや心形または円形,長さ5〜11cm,対生する
花:枝先に球状の花序に,径2cmの白い装飾花をつける,6月開花,通常結実しない
冬芽:卵形〜長卵形で,長さ5〜8mm
用途:庭園・公園樹
㋭ 手毬肝木

ヒロハガマズミ ●スイカズラ科
Viburnum koreanum Nakai　P.54　P.76　P.86

山地に生える落葉樹，高さ1〜2m，道内では札幌近郊の山と日高山脈にまれに自生する
葉：長さ6〜10cmで浅く3つに裂け，裂片は先はとがる，鋭い鋸歯縁，対生する
花：白色で皿状，径6〜8mm，両性花で，径約5cmの散房花序につき，6〜7月開花
果実：球形で径約9mm，9月に赤く熟す
冬芽：円筒形で先はやや円い，長さ5〜8mm
分布：北海道（定山渓天狗岳，日高山脈），朝鮮，中国東北部

オオデマリ　テマリバナ　●スイカズラ科　*Viburnum plicatum Thunb.*　P.47　P.76

高さ2〜3mの落葉樹，道内では庭などに植栽される，本州の山地にまれに自生するといわれる
葉：広楕円形〜ほぼ円形で長さ5〜16cm，先は鋭くとがり基部は円形，鋸歯縁，表面しわ状となり，葉脈は裏面に隆起，対生する
花：花序は径10〜12cmの球状，6月に開花，花はすべて装飾花のため結実しない
冬芽：頂芽1個，側芽は対生，卵形〜長楕円形で，長さ7〜15mm
用途：庭園・公園樹
㊊大手毬

ウコンウツギ ●スイカズラ科
Weigela middendorffiana K. Koch　P.34　P.75　P.82

　亜高山〜高山に生える落葉樹，高さ1〜1.5m，幹は下からよく分岐する
葉：倒卵形〜長楕円形で長さ5〜12cm，先はとがり基部くさび形，鋭鋸歯縁，対生する
花：黄色で，長さ3〜4cmの漏斗状鐘形，先は5裂して平開する，6〜7月に開花
果実：さく果は長楕円形で長さ3cm，9月成熟
冬芽：長卵形〜紡錘形で長さ7〜10mm
分布：北海道，本州（岩手・青森県），南千島，アジア東北部　㊌鬱金空木

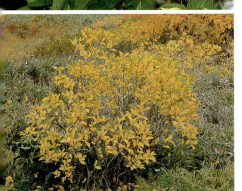

ハコネウツギ　ゲンペイウツギ ●スイカズラ科
Weigela coraeensis Thunb.　P.34　P.75　P.82

　海岸近くに生える落葉樹，高さ3〜4m
葉：広楕円形〜倒卵形で長さ7〜16cm，先はとがり，鋸歯縁，表面に光沢
花：長さ3〜4cmの漏斗状鐘形で先は5裂，通常初め白くのち紅色，6〜7月に開花
果実：円柱形で長さ約3cm，10月頃成熟
冬芽：頂芽は卵形で，長さ5〜8mm，側芽対生
分布：日本，本道は南部
用途：庭園・公園樹，生垣
㊌箱根空木　㊇Japanese weigela

タニウツギ ●スイカズラ科
Weigela hortensis K. Koch P.34 P.75 P.82

日当りの良い山野に生える落葉樹, 高さ2m
葉：楕円形〜卵状楕円形で長さ4〜11cm, 先はとがり細鋸歯縁, 裏面は毛を密生
花：淡紅色〜紅色, まれに白花, 長さ約3cmの漏斗形, 先は5裂, 6月に開花
果実：円柱形で長さ約2cm, 10月成熟
冬芽：頂芽を1個つけ側芽は対生, 卵形〜球形で先はとがり, 長さ3〜5mm
分布：北海道, 本州の主に日本海側
用途：庭園・公園樹　㊂谷空木

シロバナタニウツ

オオベニウツギ　ベニウツギ ●スイカズラ科
Weigela florida A. DC. P.34 P.75

福岡県や朝鮮, 中国などに自生する落葉樹, 高さ2〜3m, 道内では庭や公園に植えられる
葉：楕円形で長さ5〜6cm, 先はとがり基部はくさび形, 細鋸歯縁, 対生する
花：暗赤色〜鮮紅色で, 長さ3〜4cmの漏斗状鐘形で先は5裂, 6月に開花
果実：円柱形で長さ2.5cm, 10月成熟
冬芽：頂芽は有毛で長さ8mm, 側芽は長さ3mmで対生する
用途：庭園・公園樹　㊂大紅空木

エゾニワトコ ●スイカズラ科
Sambucus sieboldiana var. miquelii Hara　P.56　P.73　P.86

山や原野に生える落葉樹，高さ 3 〜 5 m
葉：奇数羽状複葉で長さ 12 〜 30 ㎝，小葉は 5
　〜 7，長楕円形で長さ 4 〜 10 ㎝，鋸歯縁，対生
花：径 5 ㎜の黄白色で多数集まる，5 月開花
果実：卵円形で径 3 〜 5 ㎜，8 〜 9 月に赤熟
冬芽：葉芽は卵状楕円形〜紡錘形で長さ 7 〜
　17 ㎜，混芽は卵形で長さ 10 〜 15 ㎜
分布：北海道，本州北部，サハリン，朝鮮など
用途：公園樹，細工物，薬用
㊋蝦夷接骨木　㊀ Red-berried elder

ミノエゾニワトコ ●スイカズラ科
Sambucus sieboldiana var. miquelii f. aureocarpa Hara

エゾニワトコの品種で果実が橙黄色に熟す，
山や原野に生える落葉樹，高さ 3 〜 5 m
葉：奇数羽状複葉長さ 12 〜 30 ㎝，小葉 5 〜 7
花：径約 5 ㎜の淡黄白色，5 月に開花
果実：卵円形で径 3 〜 5 ㎜，8 〜 9 月橙黄色に熟す
分布：北海道，本州北部，サハリンなど
用途：公園樹，細工物，薬用

リンネソウ ●スイカズラ科
Linnaea borealis Linn.

高山帯に生え，茎は針金状で地を長くはい，
花茎は高さ 5 〜 7 ㎝，先は 2 分岐，常緑
葉：倒卵形で長さ 4 〜 12 ㎜，先に 3 〜 5 の鈍
　鋸歯あり，基部は広いくさび形，両面とも毛
　を散生，葉柄 2 〜 3 ㎜，対生する
花：長さ約 1 ㎝の漏斗状鐘形で先は 5 裂，淡紅
　色で下向きに咲く，7 〜 8 月に開花
分布：北海道，本州中部以北，千島など

スイカズラ　ニンドウ　●スイカズラ科　*Lonicera japonica* Thunb.　P.39　P.76

山野に生える半落葉性つる性木本
葉：長楕円形で長さ3〜7cm，先はとがらない，全縁で両面有毛
花：長さ約4cmの狭い筒状で唇状に2裂，上弁は先が4裂，下弁線形，初め白色のち黄色，6〜7月開花
果実：径6mmの球形，10月に黒熟
冬芽：卵形で長さ1〜2mm，花芽は長卵形で長さ3mm，対生する
分布：日本，沖縄，中国南部
用途：薬用，グラウンドカバー
㊌ 吸葛，忍冬

キンギンボク　ヒョウタンボク　●スイカズラ科
Lonicera morrowii A. Gray　P.39　P.76　P.86

山地や原野に生える落葉樹，高さ2〜3m
葉：長楕円形で長さ2.5〜6cm，全縁，両面軟毛
花：長さ約1.5cmで上部は5深裂し放射相称に開く，初め白くのち淡黄色，5〜7月開花
果実：球形で径8mm，7〜9月に赤熟する，2個が合着してヒョウタン形になる
冬芽：卵形〜円錐形で長さ1〜3mm，対生
分布：北海道，本州，四国
用途：庭園・公園樹，生垣，砂防用
㊌ 瓢箪木，金銀木　㊒ Bush honeysuckle

オオバヒョウタンボク　アラゲヒョウタンボク　●スイカズラ科　*Lonicera strophiophora* Franchet　P.39 P.76 P.86

山地の林内に生える落葉樹，高さ1〜2m，道内では南部に自生する
葉：広卵形〜狭卵形で長さ6〜10cm，先はとがり基部円形〜やや心形，全縁，両面有毛，対生する
花：淡黄白色で長さ約2.5cmの漏斗形，先は5裂，4〜5月に開花
果実：球形で径約6mm，表面に毛がある，6〜7月に赤熟する
冬芽：長卵形で長さ6〜12mm
分布：北海道(南部)，本州中部以北
㊥大葉瓢箪木

ネムロブシダマ　●スイカズラ科
Lonicera chrysantha Turczaninov　P.39 P.76 P.86

やや湿った林内に生える落葉樹，高さ3m
葉：楕円形で長さ4〜8cm，全縁で先はとがる，全面に軟毛，ごく小さい油点がある，対生
花：淡黄色で長さ10〜15mm，外面に長軟毛あり，基部は膨れ，上部は2裂し唇状，上弁は4浅裂，5月に開花する
果実：球形で径5〜6mm，8〜9月に赤熟
冬芽：紡錘形〜長披針形で長さ4〜9mm
分布：北海道，南千島，サハリン，中国東北部，道内では道東に多い

エゾヒョウタンボク　オオバブシダマ　●スイカズラ科
Lonicera alpigena var. *glehnii* Nakai　P.39　P.76　P.86

山地の林内や林縁に生える落葉樹, 高さ2m
葉：卵状楕円形〜長楕円形で長さ5〜14cm, 先はとがり, 全縁, 両面有毛, 対生
花：緑黄色でときに紅褐色をおびる, 上部は中裂し唇状, 上弁は4浅裂し下弁はそりかえる, 長さ10〜15mm, 5〜6月に開花
果実：2個合着, 球形で長さ1cm, 8〜9月赤熟
冬芽：長卵形で4〜6mm, 側芽対生
分布：北海道, 本州北部, 南千島, サハリン
㊥蝦夷瓢箪木

チシマヒョウタンボク　●スイカズラ科
Lonicera chamissoi Bunge　P.39　P.76　P.86

高山の日当りの良い所に生える落葉樹, 高さ1m
葉：楕円形で長さ3.5〜5cm, 円頭で基部は浅心形〜広いくさび形, 全縁, 裏面緑白色, 対生
花：濃紅色で, 上部は2裂し唇状, 上弁は4浅裂し下弁は線形で反り返る, 7〜8月開花
果実：2個合着, 8〜9月に赤熟する, まれにキミノチシマヒョウタンボクがある
冬芽：長卵形で長さ2〜5mm, 側芽は対生
分布：北海道, 本州(中部以北), 千島
㊥千島瓢箪木

キミノチシマヒョウタンボク

ベニバナヒョウタンボク ●スイカズラ科 *Lonicera sachalinensis* Nakai P.39 P.76 P.86

原野や山に生える落葉樹，高さ2m
葉：長楕円形で長さ4〜7cm，通常先はとがり，ふちは波状，対生
花：紅色で長さ約9mm，唇状に2裂し，上弁は4浅裂，花柄は葉裏を回って先に2花つける，6〜7月開花
果実：2個合着し，高さ約7mm，8月に赤く熟す
冬芽：長卵形〜長披針形で長さ4〜7mm，先はとがる，側芽は対生
分布：北海道，南千島，サハリン，朝鮮など　㊆紅花瓢箪木

ウグイスカグラ ●スイカズラ科
Lonicera gracilipes var. *glabra* Miquel P.39 P.76 P.86

山野に生える落葉樹，高さ2m，ミヤマウグイスカグラ（var. glandulosa）は全体に毛がある
葉：広楕円形〜広卵形で長さ2.5〜5cm，全縁，基部広いくさび形，裏面緑白色で毛を散生
花：長さ1〜1.5cmの細い漏斗形で先は5裂し平開，淡紅色，5月に開花
果実：広楕円形で長さ8〜10mm，6月に赤熟
冬芽：広卵形で長さ2〜4mm，側芽は対生
分布：北海道（南部），本州，四国
用途：庭園・公園樹

ミヤマウグイスカグラ　　ウグイスカグラ

クロミノウグイスカグラ　ハスカップ　●スイカズラ科
Lonicera caerulea var. *emphyllocalyx* Nakai　P.39　P.76　P.86

　湿原周辺や亜高山に生える落葉樹，高さ2m，若枝や葉柄などは無毛，ケヨノミは毛が多い
葉：広披針形〜長楕円形で長さ3〜6cm，全縁
花：黄白色で長さ10〜15mm，漏斗形で中部より上で5裂，柄の先に2花つけ，5〜6月開花
果実：楕円形〜球形で碧黒色の小苞に包まれ，長さ6〜15mm，6〜7月に成熟
冬芽：長卵形〜紡錘形で長さ4〜8mm，対生
分布：北海道，本州（中部以北）
用途：果実をジャム，果実酒など

ケヨノミ　ハスカップ　●スイカズラ科
Lonicera caerulea var. *edulis* Turczaninov　P.39　P.76

　高山や岩場，湿原周辺に生える落葉樹，高さ1m，若枝や葉，葉柄は有毛，全体に青白色
葉：長楕円形〜広楕円形で長さ3〜6cm，全縁で両面有毛，ときに裏面粉白色，対生する
花：黄白色で長さ10〜15mm，漏斗形で中部より上で5裂，花柄に短毛ある，5〜6月開花
果実：碧黒色，楕円形長さ8mm，7〜8月成熟
冬芽：長卵形〜紡錘形で長さ4〜8mm
分布：北海道，千島，アジア東北部
用途：果実をジャム，果実酒など

ツキヌキニンドウ ●スイカズラ科
Lonicera sempervirens Linn.　P.39　P.76　P.87

　北アメリカ原産, ややつる性の木本, 落葉する
葉：長楕円形〜長披針形で長さ5〜8cm, 全縁, 花柄を抽く部分の葉は相接して一葉になる
花：細長い漏斗形で長さ4〜6cm, 筒部は長く片側に肥大, 外面は黄赤色, 内面は帯黄緑色, 先は5裂, 5〜7月に開花
果実：球形で径8mm, 10月に紅色に熟す
冬芽：花芽球形, 葉芽三角状卵形で長さ2mm
用途：庭園樹
㊀突抜忍冬　㊇ Trumpet honeysuckle

セッコウボク ●スイカズラ科　*Symphoricarpos albus* Blake　P.39　P.76　P.87

　北アメリカ原産の落葉樹, 高さ1〜1.5m, 叢生する, 庭に栽培される
葉：卵円形〜長楕円形で長さ2.5〜5cm, 全縁か波状に浅裂, 裏面は淡緑色〜緑白色, 対生する
花：長さ6〜12mmの鐘形, 白色〜淡紅色, 穂状の花序につき, 7〜9月に開花する
果実：球形で径6〜12mm, 雪白色で房状になり重みで下垂する, 9〜10月に成熟
冬芽：卵形で長さ2〜3mm
用途：庭園・公園樹
㊀雪晃木　㊇ Common snowberry

コニファーの園芸品種

「コニファー」とは，本来は裸子植物のうちの球果（毬果＝Cone）のなる植物のことを意味しますが，一般的には針葉樹全般を呼ぶことが多いようです。また，一部には針葉樹の中でもとくに園芸的に改良された品種のことをいう場合もあります。この項では，針葉樹の中でも本編で取り上げていない樹種2種と園芸品種31種をご紹介します

プンゲンストウヒの園芸品種

北アメリカ原産のマツ科常緑針葉樹プンゲンストウヒ[*Picea pungens Engelm.*]（P.100）は園芸品種が多い。計10品種を紹介する

ホプシー[Hoopsii] 別名フープシー。葉は鮮銀白色。プンゲンストウヒの園芸品種の中でもっとも人気が高い。樹形はやや細長い円錐形で，枝は水平に出る

コスター[Koster] 葉は銀青色（灰緑色）になるのが特徴。樹形は円錐形で幹は通直。枝は水平に出るが，枝先はやや下垂する

メルハイム[Moerheim] 別名をモヘミーともいう。葉は銀青色になる。樹形は円錐形で，小枝が水平に分岐する

ファスティギアータ[Fastigiata] 葉は銀青色〜銀白色。枝が斜上から直上し，樹形はスリムな円錐形になる

モンゴメリー[Montgomery] 葉は銀青色〜銀白色で，枝葉が水平に密生する。樹形は幼木期が半球形で，成長すると広円錐形になる

ファットアルバート[Fat Albert] 葉は銀青色で，枝は斜上する。枝の間隔が狭く，枝葉が密生し，樹形は円錐形

グロボーサ[Globosa] 葉は銀青色〜銀白色。矮性形で，樹形は幼木期が半球形，成長して自然に球形となる。枝葉は密生

グラウカコンパクタ[Glauka Compacta] は銀緑色〜銀青色で，枝葉が密生する。枝は度が上向き，枝先がやや下垂する。樹形は頂が平坦になる半球形

グラウカペンデュラ[Glauka Pendula] 葉銀緑色〜銀青色で，枝は下垂する。樹形はほく形のスリムな円錐形

グラウカオーレア[Glauka Aurea] 古い葉緑色になるが，若葉は黄金色。枝は水平また斜上し，樹形は円錐形になる

プンゲンストウヒ[ホプシー]

グラウカトウヒ ●マツ科
Picea glauca Voss

北アメリカ原産の常緑針葉樹。成長すると樹高15〜30m。枝はやや湾曲しながら伸び、枝先は立ち上がるが、老樹では下垂する
葉：長さ約1〜1.5cm。断面は四角形。青緑色
果実：円筒状長楕円形、長さ3〜6cm
用途：公園・街路樹
英 White Spruce, Canadian Spruce

●グラウカトウヒの園芸品種

アルバーティアナコニカ[Albartiana Conica] 葉は鮮やかな緑色。枝葉が細かく密生し、葉の先端は上向きになる。樹形は円錐形

●ヨーロッパアカマツの園芸品種

ファスティギアータ[Fastigiata] シベリアなど原産のマツ科常緑針葉樹ヨーロッパアカマツ[*Pinus sylvestris Linn.*]（P.107参照）の園芸品種。葉は青緑色で、枝は直上〜斜上し、樹形はスリムな円柱状

●メタセコイアの園芸品種

オオゴンメタセコイア[Aurea] 中国の四川・湖北省原産のスギ科落葉針葉樹メタセコイア[*Metasequoia glyptostroboides Hu et Cheng*]（P.110）の園芸品種。線形の葉は、きれいな黄金色となり、冬は落葉する。樹形は円錐形

●ローソンヒノキの園芸品種

エルウッディ[Ellwoodii] 北アメリカ西が原産であるヒノキ科常緑針葉樹ローソンノキ[*Chamaecyparis lawsoniana Parl.*]は、樹50mにもなる高木。英名[Lowson's Cypressローソンヒノキの園芸品種はとても多く、ルウッディはその代表格。小型で、樹形は狭円錐形。樹高は道内で約1.5m。葉はやや青色で、枝は分枝が多く、直上して葉が密生す

●コロラドビャクシンの園芸品種

ブルーヘブン[Blue Heaven] コロラドビクシン（別名スコプロラムビャクシン）[*Junipe scopulorum Sarg.*]は北アメリカ原産のヒノキ常緑針葉樹で樹高20m。英名[Rockymount Juniper]。多くの園芸品種がつくられてお比較的丈夫。ブルーヘブンの鱗葉はやや白ぽい青緑色で幼木時は枝葉が粗い。樹形はい円錐形〜円錐形。枝は斜上し、走り枝が出

グラウカトウヒ　　ヨーロッパアカマツ　　メタセコイア
[アルバーティアナコニカ]　[ファスティギアータ]　[オオゴンメタセコイア]（樹形）

ローソンヒノキ　　コロラドビャクシン　　メタセコイア
[エルウッディ]　　[ブルーヘブン]　　[オオゴンメタセコイア]（葉）

アメリカハイネズの園芸品種

アメリカハイネズ（別名アメリカハイビャクシン）[*Juniperus horizontalis* Moench.]は，北アメリカ西部原産のヒノキ科常緑針葉樹。鱗葉青緑色，地面を這うようにして伸びる。高さ3mとなり，岩石地や海岸砂地などに生え，英名は[American Savin Juniper, Horizontal Juniper]。葉の色が青緑色から黄金色まで，欧米で多くの園芸品種がつくられている

ジェイドリバー[Jade River]　ほふく性で，葉が密生し，鱗葉は青緑色。中心部はほとんど立ち上がることなく枝は横に広がり，小枝不規則に伸長する

アメリカハイネズ[ジェイドリバー]

アメリカハイネズ［ブルーチップ］

アメリカハイネズ［バーハーバー］

アメリカハイネズ［グラウカ］

ハイネズ［ブルーパシフィック］

　ブルーチップ［Blue Chip］　ほふく性で，枝先はやや上向．中心部が盛り上がり，枝は放射状に伸びる。成長は遅い。鱗葉は美しい銀青色で，冬はやや紫色を帯びる

　グラウカ［Glauca］　別名ウィルトニー。ほふく性で，中心部はほとんど立ち上がることなく枝が放射状に伸びる。鱗葉は青緑色で，冬期間は青銅色か紫色を帯びる

　バーハーバー［Bar Harbor］　ほふく性で，グラウカに似た形状。枝が細く枝葉が粗いため，幼木時はボリューム感に欠ける。枝を剪定すると徐々に枝葉が密生し始める

● ハイネズの園芸品種

　ブルーパシフィック［Blue Pacific］　北海道や本州の海岸地帯に分布する，ほふく性のヒノキ科常緑針葉樹ハイネズ［*Juperus conferta Parlat.*］（P.116）の園芸品種。自生種はよく海岸植栽に利用されるが，園芸品種も公園樹や庭木，グラウンドカバーに多く使われている。ハイネズよりもほふく性が強く，地面を這うようにして伸びる。針葉は先が硬く尖り，青緑色をしいる。葉裏は灰白色

● ヒマラヤビャクシンの園芸品種

　ブルーカーペット［Blue Carpet］　ヒマラ～中国西部原産のヒノキ科常緑針葉樹ヒマラビャクシン（別名スクアマタビャクシン［*Juniperus squamata*］，英名［Himalaya JunipFlaky Juniper]の園芸品種。立性からほふく性で多くの園芸品種があるが，ブルーカーペトはほふく性で枝が密生し，平坦に広がる徴を持つ。強健で耐寒性に優れ，生育が旺枝先はやや下垂，針葉はやや白色を帯びた緑色で，冬は少し褐色を帯びる

● エンピツビャクシンの園芸品種

　スカイロケット［Skyrocket］　北アメリカ東部原産のヒノキ科常緑針葉樹エンピツビクシン（別名バージニアビャクシン）［*Junipe*

ヒマラヤビャクシン［ブルーカーペット］（樹形）

ヒマラヤビャクシン［ブルーカーペット］（葉）

エンピツビャクシン
［スカイロケット］

ニオイヒバ
［サンキスト］

ニオイヒバ
［ヨーロッパゴールド］

ginian Linn.]，英名［Pencil Juniper, Red Juniper］園芸品種。葉は緑青色，樹形は狭い柱状形で，高約4m。横向きには広がらず，すべての枝小枝が垂直に上向く。エンピツビャクシン高さ10m以上になる高木で，針葉と鱗葉が生する。幼木時はほぼ針葉で，葉は白色を帯た緑色～青緑色，成長とともに鱗葉が増え，公園樹や庭木のほか，材は鉛筆や装飾材とて使われる

ニオイヒバの園芸品種

北アメリカ原産のヒノキ科常緑針葉樹ニオイヒバ［*Thuja occidentalis Linn.*］（P.114）は，日国内でも数多くの園芸品種が流通している
サンキスト［Sunkist］　幼木時は半球形で，長して幅広い円錐形になる。鱗葉は密生し，葉は黄金色。ヨーロッパゴールドに似てい

るが，より横幅が広く，ずんぐりとしている。低日照条件下では特有の黄金色が発現しない
ヨーロッパゴールド［Europe Gold］　樹形は狭い円錐形で，低温の地域ほどスリムになる。鱗葉は黄金色で，冬は褐色を帯びる。低日照条件下では特有の黄金色が発現しない
ゴールデングローブ［Golden Globe］　球状になる樹形で，あまり大きくはならない。鱗葉は新葉時に黄金色となる。低日照条件下では特有の黄金色が発現しない
ウッドワーディ［Woodwardii］　鱗葉は緑色で冬は褐色を帯びる。枝葉が密生し，楕円または半球形状の樹形になる。枝張りよりも樹高が高くなり，標準木では樹高1mに達する
エメラルドグリーン［Emerald Green］　別名エメラウド，スマラグドなど。細い円錐形で，樹冠の上部は枝葉が直立する。鱗葉は鮮やか

ニオイヒバ
[ゴールデングローブ]

ニオイヒバ
[ウッドワーディ]

ニオイヒバ
[エメラルドグリーン]

ニオイヒバ
[ホルムストラップ]

ニオイヒバ
[ピラミダリス]

ニオイヒバ
[グリーンコーン]

な濃い緑色になるが，冬は少し褐色を帯びる

ホルムストラップ［Holmstrup］ 成長が緩やかで，細い円錐形になる。鱗葉は濃緑色。枝葉が密生し，直立する

ピラミダリス［Pyramidalis］ 細い円錐状または円柱状の樹形となり，枝葉は直立的に配置される。鱗葉は濃緑色で，冬は少し褐色を帯びる

グリーンコーン［Green Cone］ 狭い円錐形の樹形で，鱗葉は緑色。先は次第に細くなる

タイニィティム［Tiny Tim］ 成長の遅い矮性形で，球形〜半球形の樹形になる。鱗葉は緑色で，冬は少し褐色を帯びる。枝葉は直立する

ニオイヒバ［タイニィティム］

バラ科植物の園芸品種

　品種登録制度とは，植物新品種育成者の権利を保護することにより，多様な新品種の育成を活発にする制度です。品種登録されると育成者には育成者権が生じ，登録品種を独占的に利用（種苗の生産・販売等）することができます。一方，育成者権者以外の者は育成者権者の承諾を得ないで業として登録品種を利用することができず，無断で利用した場合は育成者権の侵害となり，育成者権者はその利用の差し止めや損害賠償を請求することができます。この項では，とくに北海道で開発されたバラ科植物の園芸品種7種をご紹介します

サクラの園芸品種

釧路八重［*Prunus sargentii* 'Kushiroyae'］　落葉樹エゾヤマザクラ（P.197）の実生苗から選抜した園芸品種。花は淡紅色で，花径約5 cm。八重咲きで，花弁の数は30〜50枚。1981年に品種登録され，1999年に品種の保護は消滅しており，現在は誰でも増殖・販売が可能

大雪［*Prunus* 'Taisetsu'］　チシマザクラ（P.196）の実生苗から選抜の園芸品種とされているが，樹形や葉の密腺の位置，花期，花序などの特徴がチシマザクラとは著しく異なり，もともとは本州産のサトザクラ（P.199）の1品種と思われる。花は菊咲きの広開形で，初め微淡紅色，のち赤味が増してくる。花弁の数は21〜50枚，花径約3 cm。1992年に品種登録され，登録の有効期限は18年

国後陽紅［*Prunus nipponica* var. *kurilensis* 'Kunashiriyoko'］　国後島産のチシマザクラ（P.196）の実生苗から選抜された個体。花の色が著しく濃い紅色で花弁は5枚，花径2.5〜3.5 cm。北海道立総合研究機構森林研究本部林業試験場（以下，道立林業試験場）緑化樹センターの開発品種で，2005年に品種登録が申請された

● バラの園芸品種

コンサレッド［*Rosa* 'Consared'］　ヤマハマナス（P.187）の雌花にルブリフォリアバラ（P.189）の雄花を交配した実生苗の中から選抜した個体。花期は6月中旬〜7月上旬。花は淡紅色で，花径は4 cm。ハマナスに比べると刺が少なく，成長はよい。道立林業試験場緑化樹センターが開発し，2005年に品種登録された

北彩［*Rosa* 'Kitaayaka'］ ルブリフォリアバ（P.189）の雌花にハマナス（P.188）の雄花を交配した実生苗の中から選抜した個体。花期は6月下旬〜7月上旬。花は淡紅色で，花弁の中心に白い模様がはいる。花径は4.5cm。道立林業試験場緑化樹センターが開発し，2005年に品種登録された

プリティーシャイン［*Rosa* 'Prettyshine'］ エハマナス（P.188）の雌花にノイバラ（P.186）の雄花を交配した実生苗の中から選抜した個体。花期は6月中旬〜7月上旬。花は淡紅色で八重咲き，花弁には白い筋状の模様が入る。花径は5cm。ハマナスと比べると刺が少ない。道立林業試験場緑化樹センターが開発し，2005年に品種登録された

ノーストピア［*Rosa* 'Northtopia'］ ヤマハマナス（P.187）の雌花にノイバラ（P.186）の雄花を交配した実生苗の中から選抜した個体。花期は6月中旬〜7月上旬。花は房状につき，淡紅色。花弁には白とピンクのグラデーション模様がある。花の径は4cm。道立林業試験場緑化樹センターが開発し，2005年に品種登録された

国内外の導入樹種 12 種

　導入樹種とは，本来その地域に自生していない樹木を，造林や公園樹などの目的で他地域から移入した樹種のこと。例えば，私たちにはお馴染みのカラマツ（P.101）も，北海道で自生していた樹種ではなく，原産地である本州から導入され，定着した樹木です。最近は原産地が外国の樹種も北海道に数多く導入されていますが，これらの樹種はとくに「外来導入樹種」と呼ばれます。ここでは，本編で取り上げていない国内外の導入樹種 12 種をご紹介します

ミクロビオタ　ウスリーヒバ　●ヒノキ科
Microbiota decussata Komar.

　シベリア東部原産のほふく性の常緑針葉樹，枝は斜上し，平らで放射状に広がる。耐寒性と耐陰に優れ，乾燥に強いが耐暑性はやや劣る
葉：鱗葉は，薄くやや長く，先端が下垂。明緑色で冬は少し褐色を帯びる
用途：公園・街路樹，庭木
㊅ Siberian Arborvitae

アカバナサンザシ　ベニバナサンザシ　●バラ科
Crataegus oxyacantha var. paulii Rehd.

　ヨーロッパ原産の落葉広葉樹，成長すると高さ 4～8 m になる
葉：円形～広卵形，3～5 つに浅く裂ける，長さ約 5 cm，幅約 4 cm，互生
花：紅色で八重咲き，5～15 花着生，花径 1～1.5 cm，6 月に開花
果実：ほぼ球形，約 1 cm，まれに結実
用途：公園・庭園樹
㊅ English Hawthorn（母種セイヨウサンザシ）

333

オミサンザシ ●バラ科
Crataegus pinnatifida Bunge　**P.83**

高さ4～6mになる落葉広葉樹，枝に長さ2cmの刺がまれにある
葉：三角状卵形で中～深く裂ける，やや不ぞろいな鋸歯縁，長さ8～12cm，裏面に毛が多い，基部は広いくさび形，互生する
花：白色，径約1cm，5～6月開花
果実：球形で，径約1cm，9～10月に赤く熟し，食べられる
分布：中国，朝鮮，東シベリア
用途：庭園・公園・街路樹　㊥大実山査子

ンノキバノザイフリボク ●バラ科
Amelanchier alnifolia Nutt.

北アメリカ原産の落葉広葉樹，高さ1～?mになる，果実は食べられる
葉：広楕円形～円形，長さ5～6cm，互生
花：白色で5弁，5月開花
果実：球形，径約1.5～2cm，濃紫色～暗青色，?月頃成熟
用途：庭園・公園樹，小果樹
㊥Juneberry, Saskatoon（果実）

アメリカザイフリボク ●バラ科
Amelanchier canadensis Medikus

　北アメリカ原産の落葉広葉樹，高さ2～4mになり，果実は食べられる
葉：倒卵形で先はとがる，重鋸歯縁，長さ5～6cm，互生
花：白色で5弁，5月開花
果実：球形，径1～1.5cm，濃紫色，8月頃成熟
用途：庭園・公園樹，小果樹
㊥Juneberry, Dwarf Juneberry, Saskatoon（果実）

イチジク ●クワ科
Ficus carica L.

　西南アジア原産の落葉広葉樹，高さ2～4m，道内でもまれに植えられている
葉：卵円形で，掌状に3～5つに浅～中裂し，基部は心形，長さ8～20cm，互生する
花：雌雄異株，緑色の花のうの中に小さな花が多数入っている
果実：長さ約5cm，暗紫色に熟し，食べられるが，ふつうは雌株が栽培されるので種子はできない
用途：庭園樹

ジンチョウゲ ●ジンチョウゲ科
Daphne odora Thunb.

　中国原産の常緑広葉樹，高さ1m程度。は下から分岐し，樹形は球状になる。園芸品が多い
葉：倒披針形で長さ5～10cm，全縁で，光がある。互生する
花：雌雄異株。花弁はないが，がくが花弁のうに見える。色は紅紫色。芳香がある
果実：雌株はまれ。径1cmの楕円形で，赤熟す
用途：庭園・公園樹
㊊沈丁花

オオムレスズメ ●マメ科
Caragana arborescens Lam.

　シベリア～中国東北部原産の落葉広葉樹，樹高3～5mになる
葉：偶数羽状複葉で互生する，小葉は8～14枚で長さ1～2cm
花：鮮黄色，1～4花，ときに7～8花をつける，長さ約2cm。5月開花
果実：莢は扁円柱形，長さ約5cm，7月頃成熟
用途：庭園・公園樹，生垣
㊈Siberian Pea-tree

335

ョウセンヤマツツジ ●ツツジ科
Rhododendron yedoensis var. pouhhanense Nakai

朝鮮半島原産の半落葉～落葉広葉樹，高さ1～2mになる．本種の雄しべが花びらに変わ[り]八重咲きになったものがヨドガワツツジ

葉：狭い長楕円形，長さ3～8cm，両端はとがる
花：淡紅紫色で，花冠は漏斗形，上弁に濃い斑点がある．花径は5～6cm，5月開花
用途：庭園・公園樹
漢 朝鮮山躑躅

ヒカゲツツジ ●ツツジ科
Rhododendron keiskei Miq.

常緑広葉樹，高さ1～2m，道内でもまれに植えられている

葉：枝先に輪生状につく，長楕円形で先はとがる．縁は裏面に巻く，長さ3～8cm
花：淡黄色で，花径は約4cm，5月開花
果実：さく果は円筒形，長さ約1cm
分布：本州(関東以西)，四国，九州
用途：庭園樹
漢 日陰躑躅

カヤシオ ●ツツジ科
Rhododendron pentaphyllum var. nikoense Komatsu

アケボノツツジの変種で，道内では高さ2～[3m]になる落葉広葉樹

葉：枝先に5枚輪生状につく，広楕円形，長さ[3]～6cm，互生する
花：淡紅色～紅色で鐘形，花径は約5cm，5月開花
果実：さく果は太い円柱形，熟すると5つに裂ける
分布：本州(福島県～三重県)
用途：庭園・公園樹
赤八染

オオミノツルコケモモ クランベリー ●ツツジ科
Vaccinium macrocarpon Ait.

北アメリカなどに分布する，ほふく性の常緑小低木，果実はジャムやジュースなどに加工される

葉：長楕円形で長さ1～1.5cm，革質，互生
花：淡紅色で4弁，4深裂し反り返る，6～7月開花
果実：ほぼ球形，径1～2cm，9～10月成熟し，紅色～暗紅色になる
用途：小果樹
英 Cranberry, American cranberry

主な類似種の見分け方

トドマツ	葉の先端は2裂する，触れると軟らかい，樹皮は平滑で白っぽい
エゾマツ	葉の先はとがる，やや左右に2列に並ぶ，断面は扁平，長さ1～2cm，球果は淡黄褐色で長さ4～8cm，樹皮は黒褐色で鱗片状にはがれる
アカエゾマツ	葉の先はとがる，断面は菱形，長さ0.5～1cm，球果は通常赤褐色で長さ5～8cm，樹皮は黒赤褐色で鱗片状にはがれる，冬芽は卵形～楕円形で長さ約3mm，赤褐色
ヨーロッパトウヒ	葉の先はとがる，断面は菱形，長さ約1.5cm，球果は鮮褐色で細長く長さ15～20cm，樹皮は灰褐色で鱗片状にはがれる，冬芽は長さ約3mm，黄褐色で枝にやや埋もれたようになり，下部には葉がつく

〈マツ類〉

二葉

アカマツ	樹皮は灰赤色～赤褐色，冬芽は円筒形で赤褐色，長さ6～11mm
クロマツ	樹皮は黒灰色，冬芽は円筒形～卵形で灰白色，長さ12～18mm
ヨーロッパクロマツ	樹皮は灰黒色～暗黒色，冬芽は円錐形で先は急にとがる，鮮灰色で長さ12～24mm
ヨーロッパアカマツ	樹皮は灰褐色～赤褐色，冬芽は長卵形で先はとがる，赤褐色で長さ6～12mm，葉はアカマツより短く長さ4～7cm，全体に青白く見える
バンクスマツ	葉は長さ2～4cmと短く，やや屈曲し，若枝もやや屈曲，球果は開かずに長く枝上に残る，冬芽は長卵形で鮮褐色
モンタナマツ	幹は下から分岐し直立しない，葉は鎌状にわん曲し，鮮緑色

三葉

リギダマツ	葉は暗緑色で，ときに枝や幹から葉を叢生する，冬芽は卵形～長卵形で先はとがり，褐色～黄褐色，長さ4～14mm

五葉

ハイマツ	高山に生え，幹は下から分岐し，斜上する，冬芽は卵球形で先はとがる
ストローブマツ	葉は細く軟らかい，長さは8～14cm，球果は細長く長さ10～15cmで，ややわん曲する，冬芽は狭卵状長楕円体で先はとがる，赤黄色，長さ5～7mm
ゴヨウマツ	葉は3稜形でややわん曲し長さ2～6cm，球果は卵球形で長さ5～7cm，冬芽は狭長楕円形で黄褐色，7～12mm，キタゴヨウは葉が長くて硬い（P.103参照）
チョウセンゴヨウ	葉は長さ6～15cm，ストローブマツよりも太くて硬い，球果は卵状円錐形で長さ9～14cm，径5～7cm，冬芽は卵形で赤褐色，長さ10～18mm

ヤマナラシ	葉の基部に蜜線のあるものが多い，葉柄は通常有毛，若枝と冬芽は有毛
チョウセンヤマナラシ	蜜線がない，葉柄は無毛，若枝と冬芽はほとんど無毛

シラカンバ	側脈は6～8対，基部はほぼ切形，果穂（果実）は下垂
ダケカンバ	側脈は7～12対，基部は円～やや切形，果穂は斜上する

アサダ	葉の先は急にとがる，基部は広いくさび形～円形，初め軟毛を密生しのち無毛，側脈は9～13対，葉柄，若枝は有毛，樹皮は暗紫褐色で薄くはがれる
サワシバ	葉の先はやや尾状にとがる，基部は心形，側脈15～20対，樹皮は淡緑灰褐色で浅く裂ける
アカシデ	葉の先は尾状に鋭くとがる，基部は円形～浅心形，若葉は紅褐色，枝

イワガラミ	は細い，側脈は 9 〜 15 対，ほとんど無毛，樹皮は暗灰白色で平滑 装飾花のがく片は 1 枚，樹皮はほとんどはがれず，皮目がめだつ
ツルアジサイ	装飾花のがく片は 3 〜 4 枚，樹皮は紙状に薄くはがれやすい

〈ヤナギ類〉

葉が楕円形かやや細い楕円形のもの
- 葉の裏に毛を密生
  - 裸材に隆起線が密にある … **バッコヤナギ**
  - 裸材には隆起線が少ない … **エゾノバッコヤナギ**
- 葉の裏は無毛
  - 高木，花序は長く，下垂する … **オオバヤナギ**
  - 低木
    - 若葉は赤褐色，縁は波状の鋸歯があり，表面はややしわ状になりやすい，裸材に隆起線が密にある … **キツネヤナギ**
    - 道東の湿原周辺や山地に生える，表面は光沢があり，裏面は粉白色，全縁か粗い鋸歯がある … **タライカヤナギ**
    - 亜高山〜高山に生える，表面はやや光沢がある … **ミネヤナギ**

葉は長い楕円形〜細長く，葉の裏に絹毛があり，若葉では表面にも灰白色の毛が生える，若枝にも毛が多い … **ネコヤナギ**

葉は狭い楕円形で，対生ときに互生し，葉柄は短い … **イヌコリヤナギ**

葉は細長い
- 葉の裏面には絹毛を密生し，銀白色，縁は裏面に巻き込む … **エゾノキヌヤナギ**
- 葉の表面の葉脈はややしわ状になる，縁は裏面に巻き込む，若葉の裏面は有毛だが，のちほとんど無毛 … **オノエヤナギ**
- 葉の表面に光沢があり，裏面は粉白色，縁には細かい鋸歯がある，托葉が遅くまで残るのが特徴，枝は時に白色の粉がかかる … **エゾヤナギ**
- 若葉は赤褐色，葉は革質でやや厚く，縁に細かい鋸歯がある，開葉より後に開花する，エゾヤナギに似るが托葉は遅くまで残らない … **タチヤナギ**
- 若葉は両面に絹毛があるが，後ほとんど無毛，裏面は粉白色，枝はもろく分岐点から折れやすい，縁に細かい鋸歯がある，裏面には巻き込まない … **シロヤナギ**
- 枝はねじれ，葉も波をうつ … **ウンリュウヤナギ**
- 枝は細長く垂れ下がる，葉は先に向かって次第に細長くなる … **シダレヤナギ**
- 質はやや厚く，裏面は粉白色，若枝は粉がかかり白色 … **ケショウヤナギ**
- 線状披針形で細長い，幅 0.7 〜 2 cm，表面はやや光沢があり裏面は粉白色，縁に低い波状鋸歯がある，裏面には巻き込まない … **エゾノカワヤナギ**

ミズナラ	葉柄はきわめて短い，裏面に毛がわずかにあり，縁には大きな鋸歯がある，ドングリのついているところ（殻斗）は総苞片が覆瓦状に並ぶ
カシワ	葉柄はきわめて短く，質はやや厚い，裏面に毛が多く生える，縁は波状の鋸歯があり，殻斗の総苞片は長くらせん状で，そりかえる
コナラ	明らかな葉柄があり，葉は長さ 7 〜 14 cm と小さく，縁には鋭い鋸歯がある，初め表面に絹毛があり，銀緑色に見える，裏面も有毛，殻斗の総苞片は覆瓦状に並ぶ

シウリザクラ	葉の基部は心形，蜜線は葉柄上部，若葉は赤褐色
ウワミズザクラ	葉の基部は円形，蜜線は葉身の基部，若葉は黄緑色〜緑色
エゾノウワミズザクラ	葉の基部は円〜浅心形，蜜線は葉柄上部，若葉は緑色〜鮮緑色，開花は 5 月中〜下旬で果実は 7 〜 8 月に成熟し，他の 2 種より早い

| タカネナナカマド | 葉の表面に光沢があり，縁には下まで鋸歯がある．花は白色でやや紅を帯びる．果序はやや下垂する |
| ウラジロナナカマド | 若葉は淡緑色で成葉は深緑色，裏面は淡緑色，表面に光沢はない．鋸歯は葉の中部以上にあり，下部にはない．花は白色，果実は上向きにつく |

クマイチゴ	花は白色，葉は心形で3〜5片に途中まで裂ける
エゾイチゴ	花は白色，3(〜5)出複葉，小葉の先はとがる，葉柄に細い刺針，腺毛，短軟毛などがある，幹には細い刺が多い
エビガライチゴ	花は白色，3出複葉で小葉の先はとがる，葉柄に紫褐色の腺毛を密生する，幹に紫褐色の腺毛が多く，まばらに刺がある
クロイチゴ	花は淡紅色，果実は赤から黒色になる，通常3出複葉で小葉の先はとがる，葉柄にやや基部が太い小さな刺がある，幹にも小さな刺がある
ナワシロイチゴ	花は紫紅色，3〜5出複葉で小葉の先はとがらない，葉柄や幹に基部が扁平な刺がある，ほふく性で幹は立ち上がらない

ツリバナ	花は5数，淡緑色でやや紫を帯びる，果実は球形
ヒロハツリバナ	花は4数で淡緑黄色，果実には横に張り出した4翼がある
オオツリバナ	花は5数で淡黄緑色，果実に狭い4〜5翼がある，葉は大きく幅広い
クロツリバナ	花は5数で暗紫色，果実には鎌状の3〜4翼がある，葉の表面はしわ状
マユミ	果実は倒三角形で4稜があり翼状ではない，冬芽は卵形で小さい

| シナノキ | 芽吹きは鮮緑色，葉の裏は無毛，冬芽も無毛 |
| オオバボダイジュ | 芽吹きは灰緑色〜淡緑色で毛が多い，葉の裏に毛を密生，冬芽も有毛 |

サルナシ	葉に光沢がありやや肉厚，葉柄は通常赤い，果実は広楕円形
マタタビ	葉は時に一部が白色になり，基部は円形〜浅心形，枝の髄はつまっている，果実は長楕円形で先はとがる
ミヤママタタビ	葉は時に一部が白色になり紅色を帯びる，基部は心形，枝の髄には薄板状のしきりがある，果実は広楕円形〜長楕円形でやや小さい

| イタヤカエデ | 芽吹きは緑黄色，葉は5〜7に中〜浅裂する，冬芽はいくらか有毛 |
| アカイタヤ | 芽吹きは赤褐色，葉は浅く5裂，冬芽は無毛 |

| ミネカエデ | 花は淡緑色，葉柄は通常葉身より短い，葉の裂片は欠刻および重鋸歯がある，表面の脈はやや淡緑色，ほとんど無毛，秋に黄葉する |
| オガラバナ | 花は穂状になり直立〜斜上する，帯黄白色，葉柄は葉身とほぼ同じかより長い，葉の裂片には重鋸歯がある，裏面に毛が多い，表面は葉脈がややしわ状，秋に橙黄色になる |

ミヤマガマズミ	果実は赤色，卵球形，葉は広倒卵形で先は短い尾状でとがる，基部は円形
ガマズミ	果実は赤色，卵状楕円形でやや扁平，葉は広卵形で先は尾状にならない，裏面に毛を密生，基部はやや円形，葉柄は短い
オオカメノキ	果実は赤から黒色になる，楕円形〜円心形で基部は心形，葉柄は短い

| クロウスゴ | 葉は広楕円形〜広卵形で長さ1.5〜4cm，先はややとがるかやや円い |
| クロマメノキ | 葉は楕円形で長さ1.5〜2.5cm，先は円くとがらない，高山に多い |

カラマツとグイマツ→P.101　ハルニレとオヒョウ→P.151　エゾヤマザクラとカスミザクラ→P.197　ズミとエゾノコリンゴ→P.206　エゾサンザシとクロミサンザシ→P.203　イボタノキとミヤマイボタ→P.301　クロミノウグイスカグラとケヨノミ→P.320

和名索引

（赤は葉形，青は冬芽，緑はタネ，黒太字は解説のページ，黒細字はそれ以外の掲載ページを示す）

〈ア〉

アイズシモツケ········· 37 177
アオキ····················· 269
アオシダレ·············· 50 241
アオジナ···················· 256
アオツヅラフジ····· 37 72 160
アオダモ········· 56 73 81 304
アオトドマツ··············· 97
アオノツガザクラ···· 91 288
アオハダ······· 32 70 87 233
アオミノアカエゾマツ···· 99
アカイタヤ···· 49 74 243 338
アカエゾマツ··············
············· 20 77 98 99 336
アカガシワ················ 145
アカジクヘビノボラズ···· 158
アカシデ···· 28 62 85 134 336
アカジナ···················· 255
アカスグリ················ 172
アカダモ···················· 151
アカツツジ················ 279
アカトドマツ··············· 97
アカナラ········ 45 63 79 145
アカバナアメリカトチノキ····
························· 250
アカバナサンザシ········· 332
アカマツ······· 21 77 106 336
アカミノイヌツゲ··· 40 87 231
アカミヤドリギ··········· 154
アカメギ···················· 159
アカモノ··········· 44 91 290
アカヤシオ················ 335
アキグミ········ 37 68 80 262
アクシバ········· 42 70 92 293
アケビ····················· 157
アケボノスギ··············· 110
アサダ········ 28 62 85 135 336
アジサイ·············· 34 75 167
アズキナシ··················
············ 34 66 84 210 211
アスナロ··················· 111
アセビ················ 43 298
アブラホウ················ 266
アポイカンバ···· 27 62 81 137
アメリカキササゲ············
·················· 48 73 82 309
アメリカクロポプラ········ 119
アメリカザイフリボク···· 333
アメリカシモツケ········· 180
アメリカスズカケノキ···· 175

アメリカハイネズ····· 325 326
アメリカハイビャクシン······
······················· 325
アメリカハナノキ········· 246
アメリカヤマボウシ··········
··············· 33 75 270
アラゲアカサンザシ··········
··············· 46 83 203
アラゲヒョウタンボク···· 317
アララギ···················· 95
アロニア・メラノカルパ······
··················· 84 210
アンズ······· 30 65 190 194

〈イ〉

イギリストゲナシ
　　ニセアカシア······· 220
イソツツジ·········· 44 92 275
イタチハギ······· 59 67 89 218
イタヤカエデ·················
·············· 49 74 80 243 338
イタヤメイゲツ············ 248
イタリアポプラ············ 119
イチイ········· 20 77 95 96
イチジク··················· 334
イチョウ········· 23 60 77 94
イトヒバ···················· 113
イヌエンジュ···· 59 64 88 216
イヌガヤ···················· 96
イヌコリヤナギ···············
·············· 25 61 92 128 337
イヌツゲ······ 40 87 231 232
イヌリンゴ················· 205
イブキ····················· 117
イブキジャコウソウ······ 307
イボタノキ····················
·············· 39 76 88 301 338
イヨミズキ················ 174
イロハモミジ··················
·············· 50 74 80 240 241
イワガラミ····················
·············· 26 75 90 165 337
イワツツジ······· 42 70 92 297
イワナシ·············· 42 291
イワハゼ··················· 290
イワヒゲ··················· 289

〈ウ〉

ウグイスカグラ·················
·············· 39 76 86 319
ウコギ················ 89 266

ウコンウツギ···· 34 75 82 313
ウシコロシ················· 209
ウスゲヒロハハンノキ·········
··············· 28 62 143
ウスノキ········· 42 70 92 294
ウスベニニセアカシア···· 220
ウスリーヒバ·············· 332
ウダイカンバ···· 36 62 81 140
ウチダシルシキミ········· 223
ウツギ············· 37 75 169
ウノハナ···················· 169
ウメ················· 194 195
ウメモドキ······· 41 70 87 233
ウラシマツツジ······ 44 91 289
ウラジロイチゴ············ 183
ウラジロナナカマド···········
············ 57 66 213 338
ウラジロハコヤナギ······· 118
ウラジロヨウラク·············
··············· 42 71 91 274
ウリノキ········· 48 64 84 263
ウワミズザクラ················
·············· 31 65 83 202 337
ウンリュウヤナギ··············
·············· 25 61 129 337

〈エ〉

エウロアメリカポプラ·········
··············· 26 60 119
エクスバリーアザレア·········
··············· 43 282
エゴノキ········· 37 70 80 300
エゾアジサイ···· 34 75 90 167
エゾイソツツジ············ 275
エゾイタヤ················· 243
エゾイチゴ··· 51 69 85 184 338
エゾイヌガヤ··············· 96
エゾイボタ················· 301
エゾウコギ······· 52 68 89 265
エゾウラジロハナヒリノキ····
······················· 35 298
エゾエノキ······· 28 64 84 153
エゾオニシバリ············ 261
エゾクロウメモドキ············
·············· 33 64 85 251
エゾサンザシ··· 47 66 203 338
エゾシモツケ···· 38 67 90 176
エゾシャクナゲ············ 276
エゾシラビソ··············· 97
エゾスグリ······· 53 68 82 170
エゾツガザクラ············ 288

エゾツツジ………… 44 71 275
エゾツルツゲ…………… 230
エゾニワトコ… 56 73 86 315
エゾノウワミズザクラ………
………… 31 65 83 201 337
エゾノカワヤナギ………
………… 24 61 130 337
エゾノキヌヤナギ………
………… 24 61 92 128 337
エゾノコリンゴ………
… 29 66 84 205 206 207 338
エゾノシロバナシモツケ……
………… 38 67 176
エゾノタカネヤナギ………
………… 41 61 131
エゾノツガザクラ…… 91 288
エゾノバッコヤナギ………
………… 25 61 123 337
エゾノマルバシモツケ……
………… 38 67 177
エゾノヤマネコヤナギ…… 123
エゾヒョウタンボク………
………… 39 76 86 318
エゾマメヤナギ…… 41 62 131
エゾマツ‥ 20 77 97 98 99 336
エゾムラサキツツジ…………
………… 43 91 278
エゾヤナギ…… 24 61 126 337
エゾヤマザクラ………
……… 31 65 83 197 329 338
エゾヤマナラシ………… 120
エゾヤマハギ… 55 67 89 217
エゾヤマモモ………… 132
エゾユズリハ……… 40 84 225
エドヒガン………… 199 200
エトロフザクラ………… 196
エニシダ……… 44 71 88 215
エビガライチゴ…………
………… 51 69 84 183 338
エビヅル……… 54 72 87 253
エリカ………… 297
エリマキ…………… 237
エルム…………… 151
エンジュ…………… 216
エンピツビャクシン… 326 327

〈オ〉
オウシュウアカマツ…… 107
オウシュウクロマツ…… 107
オオカメノキ………
………… 36 73 86 309 338
オオゴンクジャクヒバ………
………… 23 111
オオゴンコノテガシワ…… 114
オオゴンシノブヒバ…………
………… 23 78 112
オオゴンニセアカシア… 220

オオゴンヒヨクヒバ……… 113
オオシマザクラ………… 200
オオタカネバラ…………
………… 57 69 84 187
オオツリバナ…………
………… 32 73 88 238 338
オオツルツゲ……… 40 87 230
オオデマリ……… 47 76 312
オオバクロモジ………
………… 32 64 84 165
オオバサンザシ………… 203
オオハシバミ………… 136
オオバスノキ… 42 70 92 294
オオバヒョウタンボク………
………… 39 76 86 317
オオバブシダマ………… 318
オオバヤナギ…………
………… 25 61 92 122 337
オオバボダイジュ…………
………… 36 64 80 256 338
オオベニウツギ… 34 75 314
オオミサンザシ……… 83 333
オオミノツルコケモモ… 335
オオムラサキ………… 43 287
オオムレスズメ………… 334
オオモミジ……… 50 240 241
オオヤマザクラ………… 197
オガラバナ… 49 74 80 245 338
オクノフウリンウメモドキ…
………… 87 232
オニウコギ………… 265
オニグルミ… 58 63 79 133
オニツルウメモドキ…… 234
オノエヤナギ…………
………… 24 61 92 127 337
オヒョウ…………
……… 47 64 81 151 152 338
オヒョウニレ………… 152
オヒョウモモ……… 37 66 193
オマツ………… 106
オンコ………… 95

〈カ〉
カイヅカイブキ……… 23 117
カイドウ………… 207
改良ポプラ………… 119
カオルツガザクラ……… 288
ガク………… 168
ガクアジサイ……… 34 167 168
ガクウラジロヨウラク… 274
カクミノスノキ………… 294
カザグルマ………… 156
カシグルミ………… 133
カシワ…45 63 79 146 147 337
カシワモドキ………… 146
カスミザクラ…………
……… 31 65 83 197 198 338

カタスギ………… 210
カツラ……… 36 74 81 155
カナヤマイチゴ………… 184
カバレンゲツツジ……… 281
ガマズミ… 35 76 86 310 338
カラコギカエデ…………
………… 50 74 80 244
カラスシキミ………… 40 262
カラツツジ………… 284
カラフトイチゴ………… 184
カラフト（イ）バラ…… 187
カラマツ… 22 60 77 101 338
カーランツ………… 172
カルーナ………… 297
カルミア……… 42 290
カワグルミ………… 134
カワシロナナカマド………
………… 54 66 211
カワヤナギ……… 24 61 130
ガンコウラン………… 92 227
カンボク……… 47 76 86 311

〈キ〉
キイチゴ………… 185
キウルシ………… 228
キササゲ……… 48 73 82 308
キシツツジ………… 286
キタコブシ……… 45 63 79 161
キタゴヨウ… 21 78 103 336
キヅタ………… 264
キツネヤナギ…………
………… 25 61 92 124 337
キハダ……… 58 74 88 222
キバナシャクナゲ…………
………… 44 91 276
キバコデマリ………… 180
キバノコデマリ…………
………… 37 67 90 180
キブシ……… 37 67 88 261
キミノオンコ………… 95
キミノエゾニワトコ……… 315
キミノズミ………… 206
キミノチシマヒョウタンボク
………… 318
キャラボク………… 20 96
ギョウジャノミズ……… 253
ギョリュウ……… 23 67 260
ギョリュウモドキ……… 297
キリ……… 48 73 82 308
キリシマ………… 283
キレンゲツツジ……… 281
ギンカエデ………… 246
キンギンボク… 39 76 86 316
キングサリ… 55 67 89 219
キンシバイ……… 41 259
ギンドロ……… 53 61 118
ギンヨウカエデ… 49 74 246

ギンヨウコロラドトウヒ……
…………………………… 100
キンレンカ ………………… 219
キンロウバイ ……………… 190
キンロバイ ……… 44 71 90 190
ギンロバイ ………………… 190

〈ク〉

グイマツ …………………………
……… 22 60 77 101 102 338
クコ ………………… 41 70 86 307
クサギ ……………… 48 73 83 306
クサツゲ ………………… 44 226
クサボケ ……………… 41 69 204
クズ ………………… 54 72 89 219
グーズベリー ……………… 173
クマイチゴ …………………………
…………… 51 69 85 182 338
クマヤナギ ……… 38 72 85 250
グラウカトウヒ ……… 324 325
クランベリー ……………… 335
クリ ………………… 46 64 79 150
クリムソンキング ……… 247
グルチノーザハンノキ ………
……………… 35 62 81 145
クルメツツジ ………… 43 283
クレマチス ……………… 55 156
クロイチゴ …………………………
…………… 51 69 85 184 338
クロウスゴ …………………………
……… 42 70 92 295 338
クロウメモドキ ………… 251
クロエゾマツ ……………… 98
クロスグリ ……… 53 68 82 172
クロツリバナ …………………
……… 32 73 88 238 338
クロバナエンジュ ……… 218
クロビイタヤ … 49 74 80 242
クロフサスグリ ………… 172
クロフネツツジ …………………
…………… 41 71 91 284
クロマツ ……… 21 77 106 336
クロマメノキ …………………
……… 42 70 92 295 338
クロミキイチゴ …………………
…………… 51 69 85 186
クロミサンザシ …………………
……… 47 66 83 202 203 338
クロミノウグイスカグラ ……
……… 39 76 86 320 338
クロミノハリスグリ …………
…………… 53 68 82 171

〈ケ〉

ケショウヤナギ …………………
……… 24 61 92 122 337
ケヤキ ……………… 28 64 153

ケヤマウコギ…… 52 68 89 265
ケヤマザクラ ……………… 198
ケヤマハンノキ …………………
……… 46 62 82 143 144
ケヨノミ …… 39 76 320 338
ゲンペイウツギ …………… 313
ケンポナシ ……… 33 70 85 252

〈コ〉

コウバイ ………………… 30 195
コウモリカズラ …… 54 72 160
コウヤマキ ………… 23 78 109
コエゾツガザクラ ………… 288
コオノオレ ………………… 141
コクワ …………………… 256
コケモモ ……………… 92 295
コゴメウツギ ……… 54 67 175
コゴメバナ ………………… 179
コシアブラ ……… 52 68 89 266
コデマリ ……………… 38 67 179
ゴトウヅル ………………… 166
コトネアスター …………… 214
コナラ ……… 45 63 79 148 337
コノテガシワ … 23 78 113 114
コハウチワカエデ …………………
……… 50 74 80 248
コバノトネリコ …………… 304
コバノヤマハンノキ …………
…………… 46 62 82 144
コハマナス ………………… 188
コブニレ …………………… 151
コボーズオトギリ …… 41 260
コマガタケスグリ …………………
…………… 53 68 82 169
コマユミ …………… 73 236
コメツツジ …………… 43 71 280
コメバツガザクラ ………… 287
ゴヨウアケビ …………… 52 157
ゴヨウツツジ ……… 43 71 283
ゴヨウマツ …… 21 103 104 336
コヨウラクツツジ …………………
……… 42 71 91 274
コリンゴ …………………… 206
コロラドトウヒ …………… 100
コロラドビャクシン … 324 325
コロラドモミ ……………… 96
コーンウォールエリカ … 297
コンコロールモミ ………… 96
ゴンゼツ …………………… 266

〈サ〉

サイカチ …………… 59 69 215
サイハダカンバ …………… 140
ザイフリボク ……… 37 66 209
サカイツツジ ……… 44 91 277
サクランボ ………………… 195
サツキ ……………… 43 284

サトウカエデ……… 49 74 247
サトザクラ …… 31 65 199 329
サビタ …………………… 166
サラサドウダン …………………
……………… 42 71 90 292
サルトリイバラ …… 35 72 118
サルナシ …… 26 72 86 256 338
サワグルミ ……… 58 63 79 134
サワシバ … 27 62 85 135 336
サワフタギ ……… 28 70 83 299
サワラ ………… 23 112 113
サンカクヅル …… 54 72 87 253
サンシュユ ……… 33 75 90 272
サンゴミズキ … 33 75 89 271
サンショウ ……… 56 67 88 223
サンチン ………… 202 203
サンナシ ………………… 207

〈シ〉

シウリザクラ …………………
………… 31 65 83 201 337
シコタンマツ …………… 102
シコロ …………………… 222
シダレカツラ ……………… 155
シダレカラマツ …………… 101
シダレカンバ … 27 62 81 141
シダレザクラ ……… 30 65 199
シダレヤナギ … 24 61 129 337
シデコブシ …… 45 63 79 163
シナグリ …………………… 150
シナノキ …… 36 64 80 255 338
シナレンギョウ ………… 38 302
シノブヒバ ………………… 112
シベリアミズキ …………… 271
ジムカデ …………… 91 289
シモクレン ………………… 162
シモツケ ……………… 38 67 178
シャラノキ ………………… 259
シラカバ …………………… 138
シラカンバ …………………
……… 27 62 81 138 200 336
シラクチヅル …………… 256
シラタマノキ ……… 44 91 290
シラタマミズキ …………… 271
シラフジ …………………… 218
シロエゾマツ ……………… 98
シロザクラ ………………… 198
シロバナタニウツギ …… 314
シロバナトキワツツジ … 278
シロバナハギ …………… 217
シロバナハマナス ……… 188
シロバナヤエハマナス … 188
シロモノ ………………… 290
シロヤシオ ………………… 283
シロヤナギ …… 24 61 127 337
シロヤマブキ …… 37 66 83 181
シロライラック ………… 305

シロリュウキュウ ………… 286
シンジュ ……………… 224
ジンチョウゲ …………… 334
シンパク ………………… 116

〈ス〉

スイカズラ ………… 39 76 316
スオウノキ ……………… 221
スギ …………… 22 78 110
スクアマタビャクシン … 326
スコプロラムビャクシン ……
……………………… 324
スズカケノキ …………… 175
ストローブマツ ……………
…………… 21 78 104 336
スモモ ………… 30 65 80 191
ズミ ……… 47 66 84 206 338

〈セ〉

セイヨウシャクナゲ … 40 277
セイヨウトチノキ ……………
……… 52 73 79 248 249 250
セイヨウナシ ……… 29 66 208
セイヨウバイカウツギ … 168
セイヨウハコヤナギ …………
………………… 26 60 119
セイヨウビャクシン … 78 115
セイヨウミザクラ ……………
………………… 30 65 83 195
セイヨウリンゴ …… 29 66 205
セッコウボク … 39 76 87 321
センノキ ………………… 268
センジュ ………………… 114

〈ソ〉

ソナレ …………………… 117
ソバグリ ………………… 149
ソメイヨシノ ……… 30 65 200

〈タ〉

タカネザクラ …………… 196
タカネナナカマド ……………
……… 57 66 84 212 338
タカノツメ …… 55 68 89 267
ダケカバ ………………… 139
ダケカンバ …………………
………27 62 81 138 139 336
タチヤナギ …………………
………… 24 61 92 126 337
タニウツギ … 34 75 82 314
タニガワハンノキ ……… 144
タマイブキ …………… 23 117
タマツゲ ………………… 232
タマビャクシン ………… 117
タモノキ ………………… 303
タライカヤナギ ………………
……………… 25 61 124 337

タラノキ ……… 56 68 89 264
タランボ ………………… 264

〈チ〉

チシマザクラ …………………
…… 3 31 65 83 196 329 330
チシマスグリ …………… 170
チシマツガザクラ ……… 287
チシマヒョウタンボク ………
………… 39 76 86 318
チドリノキ ………… 81 248
チャボヒバ ………… 23 111
チュウゴクグリ ………………
………… 46 64 79 150
チョウセンゴミシ ……………
………… 29 72 87 164
チョウセンゴヨウ ……………
………… 21 78 105 336
チョウセンヒメツゲ … 44 226
チョウセンマツ ………… 105
チョウセンヤマツツジ ………
………………… 286 335
チョウセンヤマナラシ ………
………… 26 60 92 120 336
チョウセンレンギョウ ………
………… 38 75 90 302
チョウノスケソウ ……………
………… 44 90 189
チリメンドロ …………… 121
チングルマ ………… 44 90 189

〈ツ〉

ツキヌキニンドウ ……………
………… 39 76 87 321
ツノハシバミ … 46 62 79 136
ツタ ………… 54 72 87 254
ツタウルシ … 55 63 89 228
ツリガネツツジ ………… 274
ツルアジサイ ………………
………… 26 75 90 166 337
ツルウメモドキ ………………
………… 35 72 87 234
ツルコケモモ …… 44 92 296
ツルシキミ ……… 40 88 223
ツルツゲ ……………… 40 230
ツルマサキ ……… 40 87 234
ツリバナ …… 32 73 88 237 338

〈テ〉

テウチグルミ … 58 63 79 133
テッセン ………………… 156
テマリカンボク … 47 76 311
テマリバナ ……………… 312

〈ト〉

ドイツトウヒ …………… 100
トウグミ ………………… 263

ドウダンツツジ ………………
………… 42 71 90 292
トガスグリ …… 53 68 82 171
トカチスグリ … 53 68 82 170
トキワゲンカイ ………… 278
ドクウツギ …… 46 75 88 227
トゲナシゴヨウイチゴ … 182
トゲナシニセアカシア … 220
トサミズキ … 36 64 85 174
トショウ ………………… 115
ドスナラ ………………… 304
トチノキ … 52 73 79 249
トックリハシバミ ……… 136
トドマツ … 20 77 97 98 99 336
トネリコバノカエデ …… 245
ドロノキ … 26 60 92 121
ドロヤナギ ……………… 121

〈ナ〉

ナガバカワヤナギ ……… 130
ナガバツガザクラ ……… 288
ナガバヤナギ …………… 127
ナシ …………………… 208
ナツグミ ……… 37 68 80 263
ナツヅタ ………………… 254
ナツツバキ … 32 64 88 259
ナツハゼ … 42 70 92 293
ナツボウズ ……………… 261
ナナカマド … 57 66 84 211
ナニワズ …… 41 72 80 261
ナワシロイチゴ ………………
………… 51 69 84 183 338

〈ニ〉

ニオイドロ ……………… 121
ニオイヒバ …………………
………… 23 78 114 327 328
ニガキ …… 58 63 84 224
ニシキギ …… 32 73 87 236
ニシキツガザクラ ……… 288
ニセアカシア …………………
………… 59 69 88 220 221
ニッコウヒバ …………… 112
ニホンカラマツ ………… 101
ニレ …………………… 151
ニワウメ ……… 38 65 83 192
ニワウルシ … 58 63 81 224
ニワザクラ …… 38 65 193
ニンドウ ………………… 316

〈ヌ〉

ヌマスノキ ……………… 296
ヌルデ …………… 58 63 229

〈ネ〉

ネクタリン ……………… 194
ネグンドカエデ … 56 74 80 245

ネコヤナギ……… 25 61 125 337
ネムノキ……… 59 67 88 214
ネムロブシダマ………………
………………… 39 76 86 317

〈ノ〉

ノイバラ………………………
………… 57 69 84 186 188 331
ノウゼンカズラ………… 307
ノダフジ……………… 218
ノニレ………… 28 64 81 152
ノバラ………………… 186
ノブドウ……… 54 72 87 254
ノムラ………………… 241
ノムラカエデ………… 50 241
ノリウツギ…… 34 75 90 166
ノルウェーカエデ……… 247

〈ハ〉

バージニアビャクシン…… 326
ハイイヌガヤ……… 20 77 96
ハイイヌツゲ………… 40 232
バイカウツギ……… 37 75 168
バイカツツジ… 43 71 91 280
ハイネズ……… 22 78 116 326
ハイビャクシン……… 23 117
ハイマツ… 21 78 102 103 336
ハウチワカエデ………………
………… 50 74 80 242
ハクウンボク… 35 70 80 300
ハクサンシャクナゲ…………
………… 40 91 276
ハクモクレン… 45 63 79 162
ハゲシバリ……………… 142
ハコネウツギ… 34 75 82 313
ハコヤナギ……………… 120
ハシドイ……… 27 74 81 304
ハシバミ……………… 46 136
ハスカップ……………… 320
ハッコウダゴヨウ……… 103
バッコヤナギ………………
………… 25 61 92 123 337
ハナアカシア……… 59 69 221
ハナイカダ……… 33 70 89 269
ハナカイドウ… 29 66 84 207
ハナズオウ… 36 67 89 221
ハナヒリノキ… 35 70 91 298
ハナミズキ……………… 270
ハビロ………………… 300
ハマナシ……………… 188
ハマナス…… 57 69 84 188 331
ハヤザキエリカ………… 297
パラソルアカシア…………
………… 59 69 220
ハリエンジュ…………… 220
ハリギリ……… 52 68 89 268
ハリブキ……… 48 68 89 267

ハルニレ…… 46 64 81 151 338
バンクシアナマツ……… 108
バンクスマツ… 22 78 108 336
ハンテンボク…………… 163
ハンノキ……… 28 62 82 143
ハンノキバノザイフリボク…
………………… 333

〈ヒ〉

ヒイラギナンテン……… 59 159
ヒカゲツツジ…………… 335
ヒダカゴヨウ…………… 103
ヒダカミツバツツジ…………
………… 41 71 91 285
ヒダカミネヤナギ…………
………… 41 62 132
ヒッポファエ……… 80 262
ヒトエノニワザクラ……… 193
ヒノキ……… 23 78 111
ヒノキアスナロ… 23 78 111
ヒノデキリシマ……… 43 283
ヒバ………………… 111
ヒマラヤシーダー……… 109
ヒマラヤスギ…… 22 78 109
ヒマラヤビャクシン… 326 327
ヒムロ……………… 23 113
ヒメアオキ……… 40 90 269
ヒメイソツツジ………… 275
ヒメウコギ…… 52 68 266
ヒメオノオレ…………… 137
ヒメコブシ…………… 163
ヒメコマツ……………… 104
ヒメゴヨウイチゴ…………
………… 51 69 182
ヒメシャクナゲ……… 44 287
ヒメツゲ……………… 226
ヒメツルコケモモ…… 44 296
ヒメモチ…… 40 87 229 230
ヒメヤシャブシ………………
………… 28 62 82 142
ヒメリンゴ……… 29 66 84 205
ヒュウガミズキ………………
………… 36 64 85 174
ヒョウタンボク………… 316
ヒヨクヒバ………… 23 113
ヒラドツツジ…………… 287
ヒロハガマズミ………………
………… 54 76 86 312
ヒロハツリバナ………………
………… 32 73 88 237 338
ヒロハノキハダ………… 222
ヒロハノヘビノボラズ………
………… 41 68 85 158

〈フ〉

フウリンツツジ………… 292
フサスグリ……… 53 68 82 172

フジ………… 59 72 88 218
フシノキ……………… 229
フッキソウ……… 44 88 225
ブナ……… 33 64 79 149
フユヅタ……………… 264
プラタナス…………… 175
ブラックラズベリー……… 186
ブルーベリー…… 42 70 92 296
フレップ……………… 295
プンゲンストウヒ………………
………… 20 77 100 322 323
ブンゴウメ…… 30 65 79 194

〈ヘ〉

ベニイタヤ……………… 243
ベニウツギ……………… 314
ベニカエデ……………… 246
ベニコブシ……………… 163
ベニシダレ………… 50 241
ベニシタン…… 44 71 85 213
ベニスモモ……… 30 65 191
ベニバスモモ………… 191
ベニバナイチゴ…… 51 69 185
ベニバナサンザシ……… 332
ベニバナトチノキ………………
………… 52 73 250
ベニバナハナミズキ……… 270
ベニバナヒョウタンボク………
………… 39 76 86 319
ベニメギ……………… 159
ベルコーザカンバ……… 141

〈ホ〉

ホオガシワ……………… 161
ホオノキ……… 45 63 79 161
ホオベニエニシダ……… 215
ボケ……… 41 69 83 204
ホザキカエデ…………… 245
ホザキシモツケ………………
………… 38 67 90 178
ホザキナナカマド………………
………… 56 64 90 180
ホソバイソツツジ……… 275
ボタン……… 56 63 156
ホツツジ……… 42 71 91 273
ポプラ……………… 119
ホロムイツツジ………… 291

〈マ〉

マカバ……………… 140
マーキーウワミズザクラ……
………… 83 200
マサキ……………… 40 235
マタタビ…… 29 72 86 257 338
マツブサ……… 26 72 87 164
マメイヌツゲ………… 40 232
マユミ…… 32 73 88 235 338

マルスグリ …… 53 68 82 173
マルバアオダモ …………………
……………… 56 73 81 302
マルバシモツケ …………………
……………… 38 67 90 177
マルバマンサク …………………
……………… 35 63 85 173
マルバヤナギ …………… 131
マルメロ ……… 29 66 83 208
マロニエ ………………… 248
マンシュウニレ ………… 152

〈ミ〉

ミクロビオタ …………… 332
ミズキ ………… 33 75 89 270
ミズナラ …… 45 63 79 146 337
ミツデカエデ … 55 74 80 239
ミツバカエデ … 55 72 85 157
ミツバウツギ … 55 75 87 239
ミツバツツジ …… 41 71 285
ミナヅキ ………………… 166
ミネカエデ ………………
……………… 49 74 80 244 338
ミネザクラ …… 31 65 196
ミネズオウ ……………… 289
ミネヤナギ ………………
……………… 25 61 92 125 337
ミヤギノハギ …… 55 67 217
ミヤマイボタ ……………
……………… 39 76 88 301 338
ミヤマウグイスカグラ ………
……………… 39 76 319
ミヤマガマズミ …………………
………… 35 76 86 310 338
ミヤマキリシマ ……… 43 282
ミヤマザクラ … 31 65 83 198
ミヤマナナカマド ………………
……………… 57 66 212
ミヤマネズ ……………… 115
ミヤマハンショウヅル ………
……………… 56 72 90 157
ミヤマハンノキ …………………
……………… 36 62 82 142
ミヤマハンモドキ ………………
……………… 35 64 85 251
ミヤマビャクシン ………………
……………… 23 78 116
ミヤマホツツジ …… 42 71 273
ミヤママタタビ ………………
………… 29 72 86 257 338
ミヤマヤチヤナギ …… 41 130
ミヤマヤナギ …………… 125

〈ム〉

ムクゲ ………… 37 70 82 258
ムシカリ ………………… 309

ムラサキシキブ …………………
……………… 38 73 86 306
ムラサキツリバナ ……… 238
ムラサキハシドイ ………………
……………… 27 74 81 305
ムラサキメギ ……… 44 159
ムラサキヤシオ …………………
……………… 41 71 91 279
ムラサキリュウキュウ … 286

〈メ〉

メイゲツカエデ ………… 242
メギ ……… 44 68 85 158 159
メタセコイア ………………
……… 20 60 78 110 324 325
メダラ …………………… 264
メマツ …………………… 106
メラノカルパナナカマド ……
……………… 210

〈モ〉

モイワボダイジュ ……… 256
モクレン ………… 45 63 162
モチツツジ ……………… 286
モミジ …………………… 240
モミジイチゴ …… 51 69 185
モミジバスズカケノキ ………
……………… 48 70 175
モモ ………… 30 65 79 194
モンタナマツ … 22 78 105 336

〈ヤ〉

ヤエガワカンバ …………………
……………… 27 62 81 141
ヤエザクラ ……………… 199
ヤエハマナス …… 69 188 331
ヤエヤマブキ …………… 182
ヤチカンバ …… 27 62 81 137
ヤチシンコ ……………… 99
ヤチダモ …… 58 73 81 303
ヤチツツジ ……… 43 92 291
ヤチハンノキ …………… 143
ヤチヤナギ …… 39 67 89 132
ヤドリギ ……… 38 88 154
ヤナギバシャリントウ ………
……………… 40 86 214
ヤブコウジ …… 40 85 299
ヤマウルシ … 58 63 89 228
ヤマグワ …… 47 64 85 154
ヤマツツジ …… 43 71 91 279
ヤマナラシ … 26 60 120 336
ヤマネコヤナギ ………… 123
ヤマハマナス ………………
………57 69 84 187 330 331
ヤマハンノキ …………… 144
ヤマブキ ……… 38 66 181 182
ヤマブドウ …… 48 72 87 252

ヤマボウシ …… 33 75 89 271
ヤマモミジ ………………
………… 50 74 80 240 241

〈ユ〉

ユウバリノキ …………… 251
ユキヤナギ ……… 38 67 179
ユスラウメ …… 37 65 83 192
ユリノキ ……… 48 63 81 163

〈ヨ〉

ヨウシャク ……………… 277
ヨドガワツツジ …… 43 71 286
ヨーロッパアカマツ …………
…… 21 77 107 324 325 336
ヨーロッパカエデ ………
……………… 49 74 247
ヨーロッパクロポプラ … 119
ヨーロッパクロマツ ………
……………… 21 77 107 336
ヨーロッパトウヒ ………………
……………… 20 77 100 336

〈ラ〉

ライラック ……………… 305
ラクヨウ ………………… 101
ラベンダー ……………… 307

〈リ〉

リギダマツ …… 22 78 108 336
リシリビャクシン ………………
……………… 22 78 115
リュウキュウツツジ …………
……………… 43 92 286
リョウブ ……… 37 70 90 272
リラ ……………………… 305
リンゴ …………… 205 208
リンネソウ ……………… 315

〈ル〉

ルブリフォリアバラ …………
………57 69 84 189 330 331
ルブルムカエデ …… 49 74 246
ルリミノウシコロシ …… 299

〈レ〉

レンギョウ …… 38 75 90 302
レンゲツツジ ………………
……………… 43 71 91 281 282

〈ロ〉

ローソンヒノキ ……… 324 325
ロサグラウカ …………… 189

〈ワ〉

ワタゲカマツカ ………………
……………… 37 66 83 209

学名索引

〈A〉

Abies
  concolor ················· 96
  sachalinensis ·········· 97
Acanthopanax
  divaricatus ·············· 265
  sciadophylloides ······· 266
  senticosus ·············· 265
  sieboldianus ············ 266
Acer
  carpinifolium ··········· 248
  cissifolium ·············· 239
  ginnala ················· 244
  japonicum ·············· 242
  mayrii ·················· 243
  miyabei ················· 242
  mono ··················· 243
  var. mayrii ·············· 243
  negundo ················ 245
  palmatum ·············· 240
    var. amoenum ········· 240
    var. dissectum ········ 241
    f. aosidare ·········· 241
    var. matsumurae ······ 240
    var. sanguineum ······ 241
    pictim ··············· 243
  platanoides ············· 247
  rubrum ················· 246
  saccharinum ············ 246
  saccharum ············· 247
  sieboldianum ··········· 248
  tschonoskii ············· 244
  ukurunduense ·········· 245
Actinidia
  arguta ················· 256
  kolomikta ·············· 257
  polygama ·············· 257
Aesculus
  carnea ················· 250
  hippocastanum ········· 248
  turbinata ··············· 249
Ailanthus altissima ······· 224
Akebia
  trifoliata ··············· 157
  × pentaphylla ··········· 157
Alangium

platanifolium
  var. trilobum ··········· 263
Albizzia julibrissim ······· 214
Alnus
  glutinosa ··············· 145
  hirsuta ················· 144
    var. microphylla ······ 144
    inokumae ············· 144
    japonica ·············· 143
    maximowiczii ········· 142
    × mayrii ·············· 143
    pendula ·············· 142
Amelanchier
  alnifolia ··············· 333
  asiatica ················ 209
  canadensis ············· 333
Amorpha fruticosa ········· 218
Ampelopsis
  brevipedunculate ······· 254
Amygdalus
  persica ················· 194
  triloba ················· 193
Andromede polifolia ······ 287
Aralia elata ·············· 264
Arcterica nana ············ 287
Arctous
  alpinus
    var. japonicus ········· 289
Ardisia japonica ·········· 299
Armeniaca
  mume
    var. bungo ············ 194
    var. purpurea ········· 195
  vulgaris ················ 190
Aronia melanocarpa ······ 210
Aucuba
  japonica
    var. borealis ········· 269

〈B〉

Bcrbcris
  amurensis
    var. japonica ·········· 158
  thunbergii ·············· 158
    f. atropurpurea ········ 159
Berchemia racemosa ····· 250
Betula

  apoiensis ··············· 137
  davurica ··············· 141
  ermanii ················ 139
  maximowicziana ········ 140
  ovalifolia ··············· 137
  pendula ················ 141
  platyphylla
    var. japonica ········· 138
  verrucosa ·············· 141
Biota orientalis ··········· 114
Bryanthus gmelinii ······· 287
Buxus
  microphylla ············ 226
    var. koreana ·········· 226

〈C〉

Callicarpa japonica ······· 306
Calluna vulgaris ·········· 297
Campsis grandiflora ······ 307
Caragana arborescens ···· 334
Carpinus
  cordata ················· 135
  laxiflora ················ 134
Cassiope
  lycopodioides ··········· 289
Castanea
  crenata ················· 150
  mollissima ············· 150
Catalpa
  bignonioides ············ 309
  ovata ·················· 308
Cedrus deodara ··········· 109
Celastrus
  orbiculatus ············· 234
Celtis jessoensis ·········· 153
Cephalotaxus
  harringtonia
    var. nana ············· 96
Cerasus
  avium ················· 195
  glandulosa ············· 193
  japonica ··············· 192
  lannesiana ············· 199
  maximowiczii ·········· 198
  nipponica ·············· 196
    var. kurilensis ········ 196
  sargentii ··············· 197

spachiana ·················· 199
tomentosa ················ 192
verecunda ················ 198
× yedoensis ············· 200
Cercidiphyllum
japonicum ················ 155
Cercis chinensis ··········· 221
Chaenomeles japonica ···· 204
speciosa ···· 204
Chamaecyparis
lawsoniana ··············· 324
obtusa ····················· 111
pisifera ···················· 112
var. filifera ············· 113
var. pulmosa
f. aurea ··············· 112
var. squarrosa ·········· 113
Chamaedaphne
calyculata ················· 291
Chosenia arbutifolia ······· 122
Clematis hybrida ··········· 156
ochotensis ······· 157
Clerodendrum
trichotomum ············· 306
Clethra barbinervis ······· 272
Cocculus orbiculatus ····· 160
Coriaria japonica ·········· 227
Cornus
alba var. sibirica ········ 271
controversa ··············· 270
florida ····················· 270
kousa ······················ 271
officinalis ················· 272
Corylopsis
pauciflora ················· 174
spicata ···················· 174
Corylus
heterophylla
var. thunbergii ········ 136
sieboldiana ··············· 136
Cotoneaster
horizontalis ··············· 213
salicifolius ··············· 214
Crataegus
chlorosarca ··············· 202
jozana ····················· 203
maximowiczii ············· 203
oxyacantha
var. paulii ············· 332
pinnatifida ················ 333
Cryptomeria japonica ···· 110
Cydonia oblonga ··········· 208
Cytisus scoparius ········· 215

〈D〉

Daphne
kamtschatica
var. jezoensis ·········· 261
miyabeana ················ 262
odora ····················· 334
Daphniphyllum
macropodum
var. humile ············· 225
Deutzia crenata ··········· 169
Dryas octopetala
var. asiatica ······· 189

〈E〉

Elaeagnus multiflora ····· 263
umbellata ····· 262
Empetrum nigrum
var. japonicum ··· 227
Enkianthus
campanulatus ············· 292
perulatus ················· 292
Epigaea asiatica ············ 291
Erica
carnea ····················· 297
vagans ···················· 297
Euonymus
alatus ····················· 236
f. ciliatodentatus ······ 236
fortunei
var. radicans ··········· 234
japonicus ················· 235
macropterus ··············· 237
oxyphyllus ················ 237
planipes ··················· 238
sieboldianus ·············· 235
tricarpus ·················· 238
Evodiopanax innovans ··· 267

〈F〉

Fagus crenata ············· 149
Ficus carica ················ 334
Forsythia
koreana ··················· 302
suspensa ·················· 302
viridissima ··············· 302
Fraxinus
lanuginosa ················ 304
mandshurica
var. japonica ·········· 303
sieboldiana ··············· 302

〈G〉

Gaultheria
adenothrix ··············· 290
miqueliana ················ 290
Geum pentapetalum ······ 189
Ginkgo biloba ·············· 94
Gleditsia japonica ·········· 215

〈H〉

Hamamelis
japonica
var. obtusata ··········· 173
Harrimanella
stelleriana ················ 289
Hedera rhombea ··········· 264
Helwingia japonica ········ 269
Hibiscus syriacus ·········· 258
Hippophae rhamnoides ··· 262
Hovenia dulcis ············· 252
Hydrangea
macrophylla
f. macrophylla ········· 167
f. normalis ············· 168
paniculata ··············· 166
petiolaris ··············· 166
serrata
var. megacarpa ······· 167
Hypericum
androsaemus ·············· 260
patulum ··················· 259

〈I〉

Ilex
crenata ··················· 231
f. bullata ··············· 232
var. paludosa ········· 232
geniculata
var. glabra ············· 232
leucoclada ················ 229
macropoda ················ 233
× makinoi ··············· 230
rugosa ···················· 230
serrata ··················· 233
sugerokii
var. brevipedunculata
··················· 231

〈J〉

Juglans
ailanthifolia ··············· 133
mandshurica
var. sachalinensis ····· 133

regia
  var. orientis ·········· 133
Juniperus
  communis ············· 115
    var. montana ·········· 115
    var. nipponica ········· 115
    var. saxatilis ·········· 115
  conferta ················· 116
  chinensis
    var. globosa ·········· 117
    var. kaizuka ·········· 117
    var. procumbens ······ 117
    var. sargentii ·········· 116
  horizontalis ············· 325
  scopulorum ············· 324
  squamata ··············· 326

⟨K⟩

Kalmia latifolia ············ 290
Kalopanax pictus ········· 268
Kerria japonica ············ 181
  f. plena ················· 182

⟨L⟩

Laburnum anagyroides ··· 219
Larix
  kaempferi ················ 101
  leptolepis ················ 101
  gmelinii
    var. japonica ·········· 102
Lavandula
  officinalis ··············· 307
Ledum
  palustre
    var. decumbens ······· 275
    var. diversipilosum ···· 275
Lespedeza bicolor ········ 217
           thunbergii ···· 217
Leucothoe
  grayana ················· 298
    var. glabra ············· 298
Ligustrum
  obtusifolium ············· 301
  tschonoskii ·············· 301
Lindera
  umbellata
    var. membranacea ···· 165
Linnaea borealis ·········· 315
Liriodendron
  tulipifera ················ 163
Loiseleuria
  procumbens ············· 289
Lonicera

alpigena
  var. glehnii ············· 318
caerulea
  var. edulis ············· 320
  var. emphyllocalyx ···· 320
chamissoi ················· 318
chrysantha ··············· 317
gracilipes
  var. glabra ············· 319
japonica ·················· 316
morrowii ·················· 316
sachalinensis ············· 319
sempervirens ············· 321
strophiophora ············ 317
Lycium chinense ·········· 307

⟨M⟩

Maackia amurensis
  var. buergeri ············ 216
Magnolia
  denudata ················· 162
  kobus
    var. borealis ············ 161
  liliflora ·················· 162
  obovata ················· 161
  stellata
    var. keiskei ············ 163
Mahonia japonica ········· 159
Malus
  baccata
    var. mandshurica ····· 207
  domestica ··············· 205
  halliana ················· 207
  prunifolia ··············· 205
  sieboldii ················· 206
  toringo ·················· 206
Menispermum dauricum ·····
  ·························· 160
Menziesia
  multiflora ··············· 274
  pentandra ··············· 274
Metasequoia
  glyptostroboides ··· 110 324
Microbiota decussata ····· 332
Morus australis ··········· 154
        bombycis ··········· 154
Myrica
  gale
    var. tomentosa ········ 132

⟨O⟩

Oplopanax japonicus ····· 267
Ostrya japonica ··········· 135

⟨P⟩

Pachysandra
  terminalis ················ 225
Padus
  grayana ················· 202
  maackii ·················· 200
  racemosa ················ 201
  ssiori ··················· 201
Paeonia suffruticosa ····· 156
Parthenocissus
  tricuspidata ············· 254
Paulownia tomentosa ····· 308
Phellodendron
  amurense ················ 222
Philadelphus satsumi ····· 168
Phyllodoce
  aleutica ················· 288
  caerulea ················· 288
  nipponica
    var. oblongo-ovata ····· 288
Physocarpus
  opulifolius
    f. luteus ··············· 180
Picea
  abies ··················· 100
  glauca ·················· 324
  glehnii ·················· 99
  jazoensis ················ 98
  pungens ············· 100 322
Picrasma quassioides ····· 224
Pieris japonica ············ 298
Pinus
  banksiana ··············· 108
  densiflora ··············· 106
  × hakkodensis ·········· 103
  koraiensis ··············· 105
  mugo ··················· 105
  nigra ··················· 107
  parviflora ··············· 104
    var. pentaphylla ······· 103
  pumila ·················· 102
  rigida ··················· 108
  strobus ················· 104
  sylvestris ··········· 107 324
  thunbergii ··············· 106
Platanus × acerifolia ····· 175
Populus
  alba ··················· 118
  euroamericana ·········· 119
  jesoensis ················ 120
  koreana ················· 121
  maximowiczii ············ 121

nigra var. italica ········ 119
sieboldii ················· 120
tremula
　var. davidiana ········ 120
Potentilla fruticosa ······· 190
　　　var. mandshurica ··· 190
Pourthiaea villosa ········ 209
Prunus
　armeniaca ················ 190
　avium ·················· 195
　cerasifera
　　var. atropurpurea ····· 191
　glandulosa
　　var. albi-plena ········ 193
　grayana ················· 202
　itosakura ················ 199
　japonica ················· 192
　lannesiana ··········· 199 329
　maackii ················· 200
　maximowiczii ············ 198
　mume
　　var. bungo ············· 194
　　var. purpurea ··········· 195
　nipponica ················ 196
　　var. kurilensis
　　　········· 196 329 330
　padus ···················· 201
　pendula ················· 200
　persica ·················· 194
　salicina ·················· 191
　sargentii ··········· 197 329
　ssiori ··················· 201
　tomentosa ················ 192
　triloba ··················· 193
　× yedoensis ·············· 200
　verecunda ················ 198
Pterocarya rhoifolia ······· 134
Pueraria lobata ············· 219
Pyrus communis ··········· 208

〈Q〉

Quercus
　borealis ·················· 145
　crispula ·················· 146
　dentata ·················· 147
　mongolica
　　var. grosseserrate ····· 146
　rubra ··················· 145
　serrata ··················· 148

〈R〉

Rhamnus japonica ········ 251
　　　ishidae ·········· 251

Rhododendron
　albrechtii ················ 279
　aureum ················· 276
　brachycarpum ··········· 276
　camtschaticum ··········· 275
　dauricum ················ 278
　dilatatum ················ 285
　hidakanum ··············· 285
　hybridum ················ 277
　indicum ················· 284
　japonicum ················ 281
　kaempferi ················ 279
　kiusianum ················ 282
　keiskei ·················· 335
　mucronatum ·············· 286
　obtusum
　　f. hinodekirishima ····· 283
　　var. sakamotoi ·········· 283
　parvifolium ··············· 277
　pentaphyllum
　　var. nikoense ··········· 335
　pulchrum ················· 287
　quinquefolium ············· 283
　schlippenbachii ··········· 284
　semibarbatum ············· 280
　tschonoskii ··············· 280
　yedoense ················· 286
　　var.pouhhanense ······· 335
Rhodotypos scandens ···· 181
Rhus
　ambigua ·················· 228
　javanica ················· 229
　trichocarpa ··············· 228
Ribes
　grossularia ··············· 173
　horridum ················· 171
　japonicum ················ 169
　latifolium ················ 170
　nigrum ·················· 172
　rubrum ·················· 172
　sachalinense ·············· 171
　triste ··················· 170
Robinia
　hispida ··················· 221
　pseudoacacia ·············· 220
Rosa
　acicularis ················· 187
　davurica ············· 187 330
　glauca ··················· 189
　multiflora ··········· 186 331
　rubrifolia ······· 189 330 331
　rugosa ·········· 188 330 331
Rubus

crataegifolius ············· 182
idaeus
　var. aculeatissimus ···· 184
　mesogaeus ··············· 184
　occidentalis ··············· 186
palmatus
　var. coptophyllus ····· 185
　parvifolius ················ 183
　phoenicolasius ············· 183
　pseudo-japonicus ········ 182
　vernus ·················· 185

〈S〉

Salix
　arbutifolia ················ 122
　babylonica ················ 129
　bakko ··················· 123
　gilgiana ·················· 130
　gracilistyla ··············· 125
　hidaka-montana ·········· 132
　hultenii
　　var. angustifolia ········ 123
　integra ·················· 128
　jessoensis ················ 127
　matsudana
　　var. tortuosa ············ 129
　miyabeana ··············· 130
　paludicola ················ 130
　pauciflora ················ 131
　pet-susu ·················· 128
　reinii ··················· 125
　rorida ··················· 126
　sachalinensis ·············· 127
　subfragilis ················ 126
　taraikensis ··············· 124
　vulpina ·················· 124
　yezoalpina ··············· 131
Sambucus
　sieboldiana
　　var. miquelii ··········· 315
　　f. aureo-carpa ·········· 315
Schisandra chinensis ····· 164
　　　repanda ······· 164
Schizophragma
　hydrangeoides ··········· 165
Sciadopitys
　verticillata ················ 109
Skimmia japonica
　var. intermedia
　　f. repens ················ 223
Smilax china ··············· 118
Sorbaria sorbifolia
　var. stellipila ············· 180

Sorbus
  alnifolia ················· 210
  commixta ················ 211
  × kawashiro ············ 210
  matsumurana ··········· 213
  sambucifolia ············· 212
    var. pseudogracilis ···· 212
Spiraea
  betulifolia ················ 177
    var. aemiliana ········· 177
  cantoniensis ············· 179
  chamaedryfolia
    var. pilosa ·············· 177
  japonica ················· 178
  media var. sericea ······ 176
  miyabei ·················· 176
  salicifolia ················ 178
  thunbergii ··············· 179
Stachyurus praecox ······ 261
Staphylea bumalda ········ 239
Stephanandraincisa ······· 175
Stewartia
  pseudo-camellia ········· 259
Styrax
  japonica ················· 300
  obassia ·················· 300
Symphoricarpos albus ··· 321
Symplocos
  chinensis
    var. leucocarpa
      f. pilosa ················ 299
Syringa
  reticulata ················ 304
  vulgaris ················· 305

⟨T⟩

Tamarix chinensis ········ 260

Taxus
  cuspidata ················· 95
    var. nana ················ 96
Thuja
  occidentalis ········· 114 327
  orientalis ················· 114
Thujopsis
  dolabrata
    var. hondai ············· 111
Thymus
  quinquecostatus ········· 307
Tilia
  japonica ················· 255
  maximowicziana ········· 256
Toisusu urbaniana ········ 122
Tripetaleia
  bracteata ················· 273
  paniculate ················ 273

⟨U⟩

Ulmus
  davidiana
    var. japonica ··········· 151
  laciniata ················· 152
  pumila ··················· 152

⟨V⟩

Vaccinium
  corymbosum ············· 296
  hirtum ··················· 294
  japonicum ··············· 293
  macrocarpon ············· 335
  microcarpum ············· 296
  oldhamii ················· 293
  ovalifolium ··············· 295
  oxycoccus ················ 296

praestans ················ 297
smallii ··················· 294
uliginosum ··············· 295
vitis-idaea ················ 295
Viburnum
  dilatatum ················ 310
  furcatum ················· 309
  koreanum ················ 312
  opulus
    var. calvescens ········· 311
    f. sterile ··············· 311
  plicatum ················· 312
  sargenti ················· 311
  wrightii ·················· 310
Viscum
  album
    var. coloratum ········· 154
Vitis
  coignetiae ················ 252
  ficifolia
    var. lobata ·············· 253
  flexuosa ·················· 253

⟨W⟩

Weigela
  coraeensis ················ 313
  hortensis ················· 314
  florida ··················· 314
  middendorffiana ········· 313
Wisteria floribunda ······· 218

⟨Z⟩

Zanthoxylum
  piperitum ················ 223
Zelkova serrata ············ 153

参考文献

●総　説
『樹木大図説 I ～ III』上原敬二（有明書房）1972
『原色日本植物図鑑（木本編 I．II）』北村四郎・村田源（保育社）1971．1979
『日本の野生植物 木本 I．II』佐竹義輔ほか編（平凡社）1989
『新日本植物誌 顕花篇』大井次三郎・北川政夫（至文堂）1983

●冬　芽
『冬芽でわかる落葉樹』亀山章・馬場多久男（信濃新聞社）1984
『落葉広葉樹図譜 冬の樹木学』四手井綱英・斎藤新一郎（共立出版）1978

●その他の文献
『園芸大百科事典 1 ～ 12』講談社編　1980
『園芸植物大辞典 4』塚本洋太郎ほか編（小学館）1989
『北海道の樹』鮫島惇一郎・辻井達一（北海道大学図書刊行会）1979
『新版北海道の樹』辻井達一・梅沢俊・佐藤孝夫（北海道大学図書刊行会）1996
『北海道の木の実』山岸喬・山岸敦子（北海タイムス社）1983
『北海道の樹木』鮫島惇一郎（北海道新聞社）1986
『北海道の森林植物図鑑 樹木編』北海道林務部監修（北海道国土緑化推進委員会）1976
『北海道の高山植物』梅沢俊（北海道新聞社）1986
『北海道主要樹木図譜（普及版）』宮部金吾・工藤祐舜（北海道大学図書刊行会）1986
『北海道の緑化樹』北海道造園建設業協会　1986
『北海道植物図鑑 上．中．下』原松次（噴火湾社）1981 ～ 1985
『日本の樹木』林弥栄ほか（山と渓谷社）1987
『日本の桜』勝木俊雄（学習研究社）2001
『改訂新版北海道山菜図鑑』佐藤孝夫（亜璃西社）2012

改訂履歴

1990 年 6 月 15 日　「北海道樹木図鑑」初版発行
1995 年 9 月 1 日　「北海道樹木図鑑」第 2 版発行
2000 年 3 月 7 日　「増補改訂版 北海道樹木図鑑」発行
2002 年 7 月 17 日　「新版 北海道樹木図鑑」発行
2006 年 4 月 10 日　「新版 北海道樹木図鑑［増補版］」発行
2011 年 3 月 24 日　「増補新版 北海道樹木図鑑」発行
2017 年 3 月 24 日　「増補新装版 北海道樹木図鑑」発行

あ と が き

　窓の外は白い世界。真冬日が何日も続くと、ついつい友人が住む暖かな沖縄がうらやましく思われます。しかし、北海道には厳しく長い冬があるからこそ、やがて訪れる春が待ち遠しく、喜びもひとしおなのかもしれません。

　春になるとカタクリやエゾエンゴサク、エゾノリュウキンカが地面を飾り、見上げるとサクラやキタコブシが咲いています。木々が芽を出すときの色は樹種によって異なり、赤味を帯びるのはエゾヤマザクラ、ベニイタヤ、シウリザクラなど。シラカンバは柔らかな緑、シナノキは鮮やかな緑、オオバボダイジュはモスグリーン、コナラは銀緑色、イヌエンジュは銀白色。ナナカマドの場合は、木によって赤味を帯びた葉をつけるものと、緑色の葉を広げるものがみられます。

　それだけに、最近よく耳にする「春紅葉」という言葉は、どうもぴんときません。その一方、春の山を表す言葉に「山萌ゆる」があります。春先、木々の芽吹きの色は日毎変化し、やがて深い緑へと変わっていきます。そうした色の移ろいから、山が、木が活発に躍動している様子をうかがい知ることができます。「山萌ゆる」はまさに、そうした私の大好きな季節が見せる姿を的確に言い表しているのです。

　さて、今回の増補新装版は、1990年の初版刊行から数えて実に6回目の改訂となります。自分で言うのもなんですが、まさに進化する図鑑と言えるのではないでしょうか。私自身も刊行当初、こんなに長く版を重ねられるとは思ってもみませんでした。これもひとえに、読者の皆様のおかげと深く感謝しております。

　今回の増補では、私が長年あたためてきた構想である「チシマザクラの世界」を掲載しました。当初は一冊の本にしようと準備を進めていたものですが、残念ながらその願いは果たせませんでした。そこで、その構想を大幅に圧縮した形で本書に収載したものです。

　チシマザクラは北海道にしか植えられていませんし、道内でもごく限られた地域でしか見ることができません。しかし、多様な姿を持つチシマザクラはとても魅力的なサクラです。その存在と美しさを、もっともっと多くの方々に知っていただきたいとの願いを込めて掲載しましたので、ぜひご一読ください。

　最後に、この樹木図鑑の出版に長年携わっていただいた、亜璃西社の和田社長はじめスタッフの皆様、そして私の家族に深く感謝します。

　　2017年の新春を迎えて

　　　　　　　　　　　　　　　　　　　　　　　　　　　著　者

佐藤孝夫（さとう・たかお）

　1953（昭和28）年，上川郡愛別町生まれ。1976年，北海道大学農学部林学科卒業，1978年，同大学大学院農学研究科修士課程修了。元北海道立林業試験場（現北海道立総合研究機構 森林研究本部林業試験場）勤務，農学博士。2014年，「平成26年日本森林学会功績賞」受賞。

　主な著書は『北海道山菜図鑑』『知りたい北海道の木100』（共に亜璃西社），『新版北海道の樹』（共著・北海道大学出版会），写真集『大雪山—神々の庭から』（自費出版）等，多数。

見返しイラスト

藤倉英幸

制作スタッフ

大塚愛美，野崎美佐，前田瑠依子

Special Thanks To

奥山敏康，進藤良彦，髙岡義実，髙並真也，
竹島正紀，西野梢，本多政史

増補新装版 北海道樹木図鑑

2017年 3 月24日　　第 1 刷発行
2020年 7 月31日　　第 2 刷発行
2023年 3 月 3 日　　第 3 刷発行

著　　者	佐藤孝夫
装　　幀	伊藤公一
編 集 者	井上　哲
発 行 者	和田由美
発 行 所	㈱亜璃西社 （ありすしゃ）

〒060-8637　札幌市中央区南2条西5丁目メゾン本府7階
電話：011（221）5396　FAX：011（221）5386
ホームページ　http://www.alicesha.co.jp

印 刷 所　　㈱アイワード

© Takao Sato 2017, Printed in Japan
ISBN978-4-906740-25-3 C0645

＊乱丁・落丁本はお取替えいたします。
＊定価は表紙に表示してあります。
＊本書の一部または全部の無断転載を禁じます。

冬芽の名前

冬芽の形

冬芽(葉)のつき方

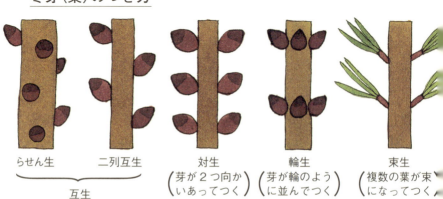